實戰物聯網

LinkIt™ Smart 7688 Duo

CAVEDU教育團隊

曾吉弘、徐豐智、薛皓云、謝宗翰、袁佑緣、蔡雨錡

翰吉 Han Geek

序

　　對於 Maker 來說，這幾年真的很熱鬧。各式各樣可連網的開發板陸續出籠，Wi-Fi 從以前需另添購擴充板，到了現在已經是基本配備。另一方面，原本主攻企業級雲服務的大廠也紛紛提供了各種方案，讓大家很輕鬆就能讓板子連上去做各種應用。從 Amazon、IBM 與 Microsoft 紛紛提出自家的物聯網方案，到國內廠商如聯發科技、威聯通、瑞昱、華碩與宏碁紛紛投入，精采程度可見一斑。

　　LinkIt Smart 7688 ／ 7688 Duo 是台灣聯發科技股份有限公司與中國 Seeed Studio 共同設計之平價聯網開發板，不僅可當作 Arduino 完成各種互動專題，還能以 Node.js 與 Python 等程式語言結合各種網路服務。後者對於從網路進入硬體領域的朋友來說，這樣 MPU 與 MCU 的組合讓整體系統的彈性更大。有鑑於此，本書除了介紹聯發科技的 7688 Duo 開發板與自家的 Mediatek Cloud Sandbox 雲服務結合之種應用，還一併介紹了與 IBM Bluemix、AWS IoT 以及 Microsoft 認知服務，一本書寫入了四種雲服務呢！期望能幫助開發者順利完成您心中的專案，對教學者來說，也能讓課程更豐富，使學生得以一窺物聯網系統開發的全貌。

　　感謝聯發科技李經理與同好開發了 Duokit 這個 iOS app（列於本書附錄），實在是樂見更多同好一起來貢獻心力。身為作者群之一，本人在此感謝本書作者群與編輯同仁在本書編寫過程中的兢兢業業與反覆修訂。提供優質內容是 CAVEDU 的堅持，也感謝您一路走來的肯定與鼓勵。

CAVEDU 教育團隊 謹致

service@CAVEDU.com

本書所有範例皆可由 www.cavedu.com/books 下載

推薦序

　　去年因緣際會，與 CAVEDU 的建彥與阿吉兩位老師在物聯網方面有了合作的機會。CAVEDU 深耕於台灣物聯網的教育推廣與社群合作，對於培育台灣物聯網人才與應用的貢獻大家有目共睹。這次他們將物聯網的教學經驗付梓，相信可以藉由書中深入淺出的介紹，以及鉅細彌遺的實務練習，幫助更多對物聯網有興趣的朋友，在最短時間從門外漢變成自造者（Makers），開始享受動手做的樂趣！

AWS 技術傳教士
John Chang 張書源

推薦序

- -

　　物聯網喊了這麼多年，各種應用一開始如浪濤狂擁，承載著各種夢想一波波往前衝，有些像浪潮泡沫留在沙灘，有些則幸運地接觸到人們。為了要探索各種可能，開發板成為經濟實惠的實作方案，甚至是小量量產方案，聯發科技的 LinkIt Smart 7688 Duo 支持 Linux 和 Arduino 雙模運作，推出時成功創造了話題，吸引更多 Maker 繼續發揮創意，也包括我自己。我在 2015 年的 HITCON CTF 駭客大賽中結合光劍嘗試做了駭客攻防燈效，這是台灣第一次舉辦世界級的駭客攻防賽，全世界的資安高手群聚台北搶奪高額獎金和 DEFCON 決賽資格，打完比賽桌上的光劍還可以拔起來玩，用的就是 LinkIt Smart 7688 DUO。隔年 2016 HITCON CTF 大賽，則再度嘗試加上 WS8212 幻彩 LED 燈做出鋼鐵反應爐呼吸燈效，這兩次的競賽都舉辦的很成功，我非常榮幸能實現這麼棒的應用，這都歸功於聯發科技這塊開發板，而過去兩年 CAVEDU 是聯發科技在物聯網與資訊教育相當重要的夥伴，他們舉辦過許多 Maker 課程和活動，透過他們豐富的經驗，本書詳細地說明這塊板子各種功能與應用，讓你也可以創造自己的物聯網舞台。

2017. 4.23 HITCON 國際駭客競賽負責人
李倫銓

CAVEDU 教育團隊簡介

http://www.cavedu.com

CAVEDU，帶您從 0 到 0.1！

　　CAVEDU 教育團隊是由一群對教育充滿熱情的大孩子所組成的科學教育團隊，積極推動國內之機器人教育，業務內容包含技術研發、出版書籍、研習培訓與設備販售。

　　團隊宗旨在於以讓所有有心學習的朋友皆能取得優質的服務與課程。本團隊已出版多本樂高機器人、Arduino、Raspberry Pi 與物聯網等相關書籍，並定期舉辦研習會與新知發表，期望帶給大家更豐富與多元的學習內容。

CAVEDU 全系列網站

課程介紹

研究專題

系列叢書

活動快報

作者群簡介

曾吉弘

現為：CAVEDU 教育團隊技術總監、MiT App Inventor master trainer
國立臺北教育大學玩具與遊戲設計碩士
專長：物聯網、Android 以及機器人教學。
致力於推廣機器人教育與 Maker 活動，在臺灣各地辦理諸多講座與基礎教學研習。
本團隊針對 App Inventor、機器人、物聯網（Arduino / Raspberry Pi）等領域已出版
多本書籍，例如：《Android 手機程式超簡單！ App Inventor 入門卷 [增訂版]》與
《LabVIEW for Arduino，控制與應用的完美結合》。

徐豐智

現為：CAVEDU 教育團隊 編號 no.2 雜工、講師。
淡江大學電機工程系畢業、淡江大學機器人研究所碩士。
專長：物聯網系統設計、Raspberry Pi、Linux 系統軟硬體整合、Arduino 軟硬體
整合、App 手機程式開發設計、Scratch 程式設計、樂高機器人設計。

薛皓云

現為：CAVEDU 教育團隊 研發人員、講師。
國立臺灣海洋大學機械與機電工程學系。
專長：物聯網設計、Raspberry Pi、Arduino 軟硬體整合、物聯網應用、
App 手機程式開發、樂高機器人

作者群簡介

謝宗翰

現為：CAVEDU 教育團隊講師。
目前為美國麻省理工學院媒體實驗室研究生、美國卡內基美隆大學機器人研究所
碩士。
國立臺灣大學生物機電系學士。
專業領域：LabVIEW 機電整合生物力學。

袁佑緣

現為：CAVEDU 教育團隊講師。
國立臺灣大學機械工程學系在學。
專長：Linux、嵌入式裝置、雲服務、樂高機器人。

蔡雨綺

現為：CAVEDU 教育團隊講師。
國立臺灣大學生物機電所。
喜歡跟小朋友互動做互動式的作品，目前在 NTUMaker 社團努力推廣
Arduino 以及 Raspberry Pi。
專長：Android 智慧型裝置程式設計、樂高 EV3 圖控環境。

目錄

第一章

物聯網好幫手
LinkIt Smart 7688 Duo

本書主軸在於使用聯發科技創意實驗室（MediaTek Labs）的物聯網開發板—LinkIt Smart 7688 ／ 7688 Duo，並在各章節中以多個範例來介紹其在物聯網的各種應用與互動。您會學到在 MediaTek Cloud Sandbox 雲服務中各種不同類型的資料通道、上傳／下載機制以及事件觸發方式。本書系列文章將以 Arduino IDE 搭配 Node.js 與 Python 來開發各種互動聯網專題。

1-1 認識 LinkIt Smart 7688 ／ 7688 Duo

在開始介紹 LinkIt Smart 7688 ／ 7688 Duo 之前，我們要先來認識一下它們的前身：LinkIt ONE 。LinkIt ONE 是 LinkIt 系列第一款開發板，也是 MediaTek（聯發科技股份有限公司） 與 Seeed Studio（深圳矽遞科技有限公司）共同設計的產品。結合了 Seeed Studio 對於開放式硬體的知識以及 MediaTek 的硬體開發板設計功力，更棒的是，LinkIt ONE 有專屬的雲服務：MediaTek Cloud Sandbox（後面簡稱 MCS，在本書的第四章會詳細介紹）。另外，MCS 也提供了 Android 應用程式，請在 Google Play 搜尋「MediaTek Cloud Sandbox」，並安裝到您的 Android 裝置上。開啟程式後只要登入您的 MediaTek Labs 帳號就能在手機端即時檢視或控制開發板的狀態。

CAVEDU 說：

聯發科技創意實驗室：http://home.labs.mediatek.com/
Seeed Studio：https://www.seeedstudio.com/
MCS 的相關連結如下：
Web 網址：https://mcs.mediatek.com
Android：https://mcs.mediatek.com/v2console/supports/mobile_application
本書所有標註＊的圖片皆來自聯發科創意實驗室
http://labs.mediatek.com/site/zntw/developer_tools/overview/index.gsp

什麼是 LinkIt Smart 7688 ／ 7688 Duo

簡單來說，LinkIt Smart 7688（後面簡稱 7688）是一款裝有 OpenWrt 的物聯網開發板。其中 LinkIt Smart 7688 Duo（後面簡稱 7688 Duo）還配有

ATmega32U4 晶片，可當作一般的 Arduino 來使用。對於 Node.js 或 Python 有基礎的玩家也可登入 7688 Duo 的 OpenWrt 之後來開發各種網路應用，不一定要使用 Arduino IDE 來開發。再者，7688 Duo 的 USB Host 接頭可直接連接網路攝影機就能進行影像即時串流，功能十分強大。

CAVEDU 說：

OpenWrt 是一套 Linux 的發行版本，小型且易擴充，它可以讓使用者選擇、添加與配置應用程式，這代表您可以自由客製化這個裝置。關於 OpenWrt 會在本書的第三章做詳細的說明。

7688 Duo 平臺的核心是 MT7688AN SoC（SoC 為系統單晶片的縮寫），它是個基於強大 802.11n 1T1R Wi-Fi AP 的橋接器，並且支援高達 256MB 的 RAM 和額外的 Micro SD 卡，採用 OpenWrt 為作業系統，包含了一系列的函式庫方便您開發各種應用，並以多種程式語言編寫應用，例如 Python、Node.js 或者 C 語言。

圖 **1-1** 7688 與 7688 Duo ＊

MediaTek LinkIt™ Smart 7688 development platform

System-on-Chip

MediaTek MT7688AN, a highly integrated, compact SOC for IoT devices with Wi-Fi connectivity

+

LinkIt Smart 7688 SDTs

- OpenWrt to control IoT devices and enable Python and Node.js
- Board support package for Arduino IDE

+

LinkIt Smart 7688 HDKs

- LinkIt Smart 7688 with MT7688 MPU
- LinkIt Smart 7688 Duo with MT7688 MPU plus MCU
- Firmware and bootloader

seeed

圖 1-2 LinkIt Smart 7688 平台架構 *

7688 Duo 之 MT7688AN SOC 特色：
 ◎ CPU：MIPS24KEc 580 MHz
 ◎ 記憶體：16-bit DDR1 ／ DDR2（193 MHz）
 ◎ SD：SD-XC（class 10）
 ◎ SPI 快閃記憶體：提供了 3B（最大達 128Mbit）與 4B（最大達 512Mbit）兩種定址模式。
 ◎ 無線傳輸速率：1T1R 802.11n 2.4GHz
 ◎ Package：DR-QFN156-12 mm x 12 mm

7688 Duo 配置圖介紹

下圖是 7688 Duo 的正面圖，可以看到配置相當簡單，只要使用 Micro USB 傳輸線接到 PWR ／ MCU 接頭就會開機，另一個 USB Host 接頭則是用來連接 Webcam 或是隨身碟。開機之後，7688 Duo 會自動成為一個無線網路 AP，關於 AP 介紹與 7688 Duo 的網路設定會在第三章一併詳細介紹。

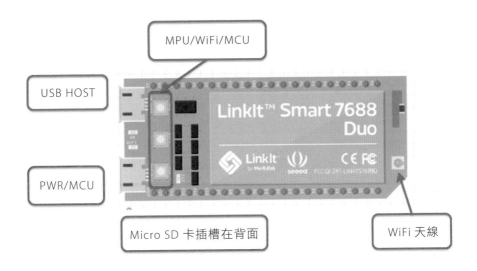

圖 **1-3** 7688 Duo 接頭說明

1-2 擴充板與套件包

　　光有板子還不夠，您想要控制或接收哪些裝置才是重點。為了幫助大家更快上手，7688 Duo 目前有兩款擴充板與一組套件包（皆由 Seeed Studio 生產）。

LinkIt Smart 7688 Duo Arduino 相容擴充轉接板
（Arduino Breakout Board for LinkIt Smart 7688 Duo）

　　這片擴充板可讓 7688 Duo 的接腳位置相容於 Arduino Uno 板的配置，也可以由轉接板上的 Micro USB 連接埠供電，還有 Ethernet 網路孔、USB type-A 連接埠，更可以疊上其他 Arduino 擴充板來加入更多功能。擴充板上共有 12 個 Grove 連接埠，包含 3 個 I^2C 連接埠、3 個類比連接埠（A0~A2）與 6 個數位連接埠（D4~D9）。您如果購買 LinkIt Smart 7688 Duo 物聯網感測器套件包的話，其中就已經包含這片擴充板。

圖 **1-4** LinkIt Smart 7688 Duo Arduino 相容擴充轉接板

LinkIt Smart 7688 Duo 的 Grove 擴充板

（Grove Breakout for LinkIt Smart 7688 Duo）

這片擴充板的配置較為簡單，可讓 7688 Duo 連接共 12 個 Grove 週邊，共有 3 個 I²C 連接埠、3 個類比連接埠與 6 個數位連接埠。

圖 **1-5** LinkIt Smart 7688 Duo 的 Grove 擴充板

LinkIt Smart 7688 擴充板（Breakout for LinkIt Smart 7688）

另外如果您手邊的是 7688 而非 7688 Duo 的話（請注意兩片板子的尺寸

與腳位數量皆不同,因此不可通用),Seeed Studio 也有對應的擴充板,具備 Ethernet 網路孔、USB type-A 接頭以及 Audio codec 晶片,可支援聲音輸入(麥克風)與輸出(耳機或喇叭)。左側的三個 Grove 連接埠也可連接 Seeed Stduio 的 Grove 系列模組。

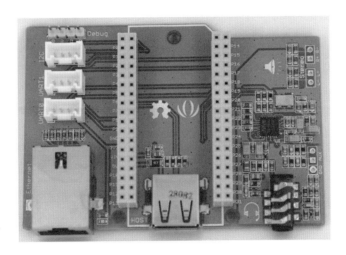

圖 1-6 LinkIt Smart 7688 擴充板

LinkIt Smart 7688 Duo 物聯網感測器套件包
(Grove Starter Kit for LinkIt Smart 7688 Duo)

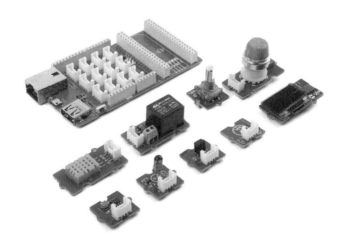

圖 1-7 LinkIt Smart 7688 Duo 物聯網感測器套件包內的元件一覽
(圖片來源 https://www.seeedstudio.com)

Seeed Studio 針對 7688 Duo 推出了套件包,讓剛開始接觸 7688 Duo 的朋友可以更輕鬆地體驗創作的樂趣,不用傷腦筋要準備那些材料了。裡面共有以下 11 個元件:

◎ LinkIt Smart 7688 Duo Arduino 相容擴充轉接板

◎ Grove 光感測器

◎ Grove 紅外線發射器

◎ Grove 紅外線接收器

◎ Grove 編碼器(其實是可變電阻)

◎ Grove 觸碰感測器

◎ Grove OLED 顯示器 1.12 英吋

◎ Grove 溫溼度感測器 (DHT11)

◎ Grove 繼電器

◎ Grove MQ2 氣體感測器

◎紅外線遙控器

我們在第二章會有更多的使用介紹。詳細資訊您也可以參考 Seeed Studio 的 Wiki 頁面。(http://www.seeedstudio.com/wiki/Grove_Starter_kit_for_LinkIt_Smart7688_Duo)

1-3 支援軟體

7688 Duo 由於比 7688 多了 ATmega32U4 晶片,因此您可以單純將它當作 Arduino 來使用,或是透過終端機軟體登入之後,就能編寫 Python 與 Node.js 程式或安裝更多擴充軟體套件。本書會根據各專題的需要使用不同的開發環境,您可視個人需求選用擅長或適合的開發環境。下一章開始,我們會先把 7688 Duo 當作 Arduino 來使用,到了第三章之後就會透過介紹 7688 Duo 的網路設定以及終端機登入後的操作說明。以下我們將簡介各種支援的軟體:

Python 和 Node.js

7688 / 7688 Duo 韌體預設支援 Python 和 Node.js,因此您可運用喜歡的文字編輯器或 IDE 來編寫 Python 或 Node.js 程式。

Arduino (僅適用於 7688 Duo)

使用 Arduino 1.6 版之後的 Board Manager 功能,下載 Linklt Smart 7688 Duo 的平臺設定檔,就可以把 7688 Duo 當作 Arduino 來使用,環境開發與開發流程會在下一章詳細介紹。

OpenWrt SDK

OpenWrt SDK 提供了使用 C 語言開發平臺軟體時所需的工具 . 除了預先安裝在 7688 / 7688 Duo 上的常用 OpenWrt 套件外,開發者還能依據自行使用需求,額外安裝 OpenWrt 所提供的兩千種以上各式功能的套件。

表 1-1 Linklt Smart 7688 Duo 開發平臺預先裝好的套件表

套件名稱	說明
Dropbear	輕量化的 SSH 伺服器
cURL	利用 URL 進行資料傳輸的命令列工具
stty	終端機介面設定工具
UVC USB camera support	USB 攝影機驅動程式

套件名稱	說明
Python	Python 程式開發環境
pySerial	提供 Python 進行序列埠操作的功能
Node.js	JavaScript 程式開發環境
node-serialport	提供 JavaScript 進行序列埠操作的功能
Bridge library	Arduino Yun Bridge 函式庫
libmraa	提供 Linux 環境下存取周邊 I/O 介面功能的函式庫。使用 C/C++ 實作,並提供 Javascript 和 Python 的 API。
UPM	提供使用 libmraa 實作的驅動程式庫
OpenSSL	提供 TLS/SSL 協定與加密函式庫的相關工具
AVAHI	透過 mDNS/DNS-SD 通訊協定,對區域網路內的裝置進行服務搜尋定位
AVRDUDE	在 Linux 下燒錄 MCU 程式的指令工具

1-4 其他 LinkIt 家族開發板與生態系

聯發科技創意實驗室在很短的時間內就針對不同的族群推出了不同功能的開發板,除了本書的 LinkIt Smart 7688 / 7688 Duo 之外,還有以下多種開發板,都能結合自家的 MCS 雲或其他的雲服務。詳細規格請參考聯發科技創意實驗室介紹(http://labs.mediatek.com/),以下為您快速整理各板子的特點:

LinkIt ONE

LinkIt 家族的第一片開發板,目標是發展穿戴式與物聯網(IoT)裝置開發平臺,並且透過 LinkIt ONE SDK 提供與 Arduino 相近的操作體驗,讓您可以從 Arduino 無縫接軌至 LinkIt。它使用聯發科技 MT2502(Aster)系統單晶片,整合各種通訊與多媒體功能,支援 GSM、GPRS、藍牙 2.1 和 4.0、SD 卡儲存、MP3 / AAC 音訊,Wi-Fi 和衛星定位系統。

CAVEDU 說:

更多關於 LinkIt ONE 的運用介紹,可以參閱 CAVEDU 叢書【LinkIt ONE 物聯網實作入門(增訂版),出版社:馥林文化】

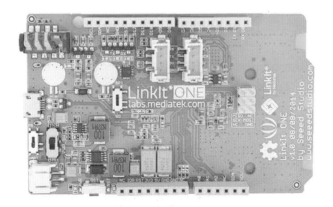

圖 1-8 LinkIt ONE 開發板

LinkIt Assist 2502

一樣使用 MT2502（Aster）晶片，可搭配周邊套件做成類似像智慧手錶這樣的穿戴式裝置，並可與其他智慧裝置或雲端服務連線。Seeed Studio 使用本模組來開發 RePhone 智慧型手機開發套件並且也能夠搭配各種周邊裝置進行物聯網與穿戴式應用。關於 RePhone 的詳細資訊請至連結：（https://www.seeedstudio.com/RePhone-Kit-Create-p-2552.html）。

LinkIt Assist 2502 特點整理：

◎使用聯發科技 MT2502（Aster）系統單晶片，其低功耗特色很適合用於開發穿戴式與物聯網裝置。

◎ LinkIt Assist 2502 SDK 提供 Eclipse IDE 套件讓開發者建立軟體和工具、更新開發板韌體和上傳軟體。

◎透過 C 語言為基礎的 API 來存取和控制 MT2502 的硬體功能和周邊。

◎可更新軟體和韌體，還有能執行線上韌體更新（FOTA，Firmware Over The Air）的可能性。

◎綜合各種通訊、多媒體與使用者介面並支援以下功能：

(1) GSM、GPRS、藍牙 2.1 和 4.0（MT2502）。

(2) Wi-Fi 和 GNSS（搭配晶片組）。

(3) MP3/AAC 音訊。

(4) PEG 解碼，向量字型檔（由驛創提供）以及其他多媒體功能。

◎可以外接觸控螢幕模組，以及藉由 Seeed Studio 的 Xadow 接頭來搭配不同的 Seeed Studio 周邊元件。

圖 1-9 LinkIt Assist 2502

LinkIt Connect 7681

LinkIt Connect 7681 使用 MT7681 當作核心，擁有 Micro USB 介面並提供 MT7681 晶片的所有 I／O 介面腳位。它支援兩種 Wi-Fi 連線模式：無線站（STA）或基地台（AP）模式（關於這二種模式，我們會在第三章做詳細的介紹），當處於 AP 模式時可做為無線基地台，讓其它無線裝置直接對其連線。另一方面，MT7681 晶片的大小只有 15x18mm，這樣的設計讓它很容易整合至最終物聯網裝置的 PCB 上，主要特點如下：

◎ Station（無線站）和 AP（基地台）模式
◎ 802.11b /g/n（STA 模式）和 802.11 b/g（AP 模式）
◎ Smart Connection API 讓您可透過 Android 或 iOS 應用程式來設定無線網路 TCP/IP 協定堆疊
◎ 5 個 GPIO 腳位和 1 個 UART 介面
◎ 軟體 PWM
◎可透過 UART 或線上升級（FOTA）來更新韌體

圖 1-10 LinkIt Connect 7681

LinkIt 開發平臺 for RTOS

LinkIt 開發平臺支援一系列聯發科技晶片，包含 MT7687F SOC 和 MT2523D ／ G SiP，並提供一套基於 FreeRTOS 的開發工具套件和 API，能讓您實現各種應用，如智慧家電、自動化居家與辦公裝置、智慧手錶與手環等裝置。主要功能如下：

◎ 採用含浮點運算功能的 ARM Cortex-M4 架構。

◎ 可藉由硬體抽象層（Hardware Abstraction Layer，HAL） API 來驅動硬體和周邊。

◎ 以 FreeRTOS 作業系統為基礎，搭配以下中介軟體：

(1)Wi-Fi 和相關網路功能如 TCP ／ IP、SSL ／ TLS、 HTTP （包含客戶端和伺服器端）、SNTP、 DHCP daemon、MQTT、XML 以及 JSON。

(2) 藍牙（Bluetooth） 和低功耗藍牙（Bluetooth LE）。

(3) 全球衛星導航系統 （GNSS）。

(4) 空中下載軟體升級 （FOTA）。

(5) 電池管理。

◎ 基於各種晶片組和 HDK 的範例應用程式

◎ 支援 Keil μ Vision, IAR Embedded Workbench、GCC 開發環境，並包含 Flash 和 pinmux 工具

◎ 提供功耗測量和偵錯介面

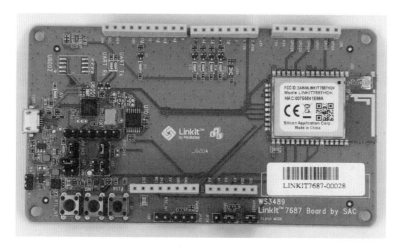

圖 1-11 Linkit 開發平臺 for RTOS

以 MT7688AN 為基礎模組的產品

以上介紹的皆為 Linkit 系列的開發板，它們都內建了 Wi-Fi 功能，並可與自家的 MCS 雲服務或其他雲端服務緊密結合，您可根據自身的需求來選用最適合的板子。除此之外，也有許多新創公司使用 MT7688AN 作為基礎模組來發表產品，以下為您介紹：

Seeed Studio ReSpeaker 語音控制器（http://respeaker.io/）

　　這款語音控制器是以 MT7688 作為 Wi-Fi 模組，並搭配麥克風陣列來完成各種語音輸入 / 輸出的應用，您也可以打造專屬的語音助理或是完成一台聊天機器人喔！

圖 **1-12** Seeed Studio ReSpeaker（圖片來源：http://respeaker.io/）

Onion Omega2（https://onion.io/）

　　於 2016 年 8 月完成第一階段募資，Onion Omega2 是一款要價 5 美金（不到 160 台幣！）的 Linux Wi-Fi 物聯網開發板，或者您可選用 9 美金的 Omega2 Plus。也是使用 MT7688AN 為核心，搭配擴充板之後就可以連接多種周邊裝置。另一方面，Omega2 支援的程式環境相當多，包含 Ruby、Perl、Python、C++、Go、Node、PHP、Bash 與 Lua 等等，還有自家專屬的 Onion Cloud 雲服務（https://cloud.onion.io/）可使用，可說是相當貼心的服務呢。

圖 **1-13** Onion Omega2 開發板（圖片來源：https://onion.io/）

1-5 總結

　　本章介紹了 LinkIt Smart 7688 ／ 7688 Duo 以及其家族系列開發板。下一章開始我們會介紹如何將 7688 Duo 當作 Arduino 來使用，對於新手來說這是一個很好的起點，只要稍加練習就可以完成許多應用，快點翻頁吧！

第二章

基礎感測器元件

本章節將探討如何使用 7688 Duo 來控制簡易的電子元件與抓取感測器的資料，我們以 7688 Duo 為主要探討的對象，先介紹硬體規格，再講軟體環境，最後再帶入以各種感測器為主題的範例，圖 2-1 為 7688 Duo 硬體規格。

CPU	MIPS 24KEc 580MHz
RAM	128MB
Flash	32 MB
Wi-Fi	1T1R 802.11 b/g/n (2.4G)
Ethernet	10/100Mbps
SD	SD-XC
USB	USB 2.0 Host
MCU	ATmega32U4 8MHz

圖 2-1 7688 Duo 開發板硬體規格 ＊

2-1　7688 Duo 硬體配置

圖 2-2 是 7688 Duo 的腳位圖，我們看到的橘底黑字的腳位號碼，是 ATmega 的腳位號碼，這橘底黑字腳位號碼，與 Arduino 系列開發板是相同的號碼，您可以把過去製作 Arduino 專題使用的感測器、電路、程式碼與函式庫，直接移植到 7688 Duo。圖 2-2 中，D0 ～ D23 的腳位號碼代表 ATmega 晶片所控制的腳位，D0 ～ D13 為數位腳位 (Digital Pin)，D14 ～ D17 為 SPI 的腳位，D18 ～ D23 為類比腳位（Analog Pin）。

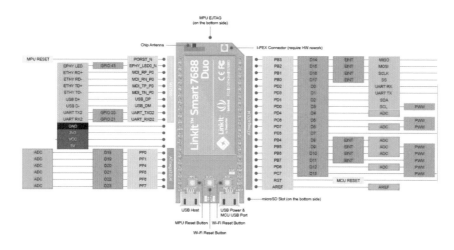

圖 2-2 7688 Duo 開發板腳位圖 ＊

　　7688 與 7688 Duo 之間的主要差別在於後者多一顆 MCU 晶片，還有其它地方不一樣嗎？下表是聯發科網站所提供的比照表，表 2-1 為 7688 與 7688 Duo 之間相同的硬體規格，這兩塊開發板的 MPU（微處理器）晶片、驅動的電壓、Wi-Fi 模組、記憶體都是相同的規格。

CAVEDU 說：

MCU 晶片與 MPU 晶片的差異在於一般 MCU 的晶片設計著重於腳位的控制與溝通，MPU 晶片設計則著重於運算性能與處理速度。

表 2-1　7688 / 7688 Duo 規格表＊

項目	功能	規格 LinkIt Smart7688	LinkIt Smart 7688 Duo
微處理器 (MPU)	晶片組	MT7688AN	
	(MPU)	MIPS24KEc	
	時脈	580MHz	
	工作電壓	3.3V	
MCU	晶片組	無	ATmega32U4
	核心		Atmel AVR
	時脈		8MHz
	工作電壓		3.3V
電路板大小	尺寸	55.7 x 26 mm	60.8 x 26 mm
記憶體	Flash	32MB	
	RAM	128MB DDR2	
電源	充電	Micro USB	
	電壓	5V	
USB Host	Connector	Micro USB	
通訊能力	Wi-Fi	1T1R 802.11 b/g/n(2.4G)	
	Ethernet	1-port 10/100 FE PHY	
	腳位編號	P2、P3、P4、P5	
使用者儲存裝置	SD Card	MicroSD SDXC	

　　接著下表 2-2 為 7688 與 7688 Duo 硬體規格不同的地方，我們可以看到數位與 PWM 腳位總數是 7688 Duo 比較多，類比數位轉換（ADC）通道只有 7688

Duo 才有，但非同步串列傳輸（UART）則是 7688 比 7688 Duo 多一組。

表 2-2 7688 / 7688 Duo 規格差異比較 *

		LinkIt Smart 7688	LinkIt Smart 7688 Duo
項目	功能	規格	
開發板腳位	數位腳位數量	22	27
	APC 腳位數量	無	12
	類比數位數量	4	8
腳位通訊方式	I^{2}C	1	1
	SPI	1	1
	I^{2}S	1	無
	UART	3	2

2-2 7688 Duo 軟體設定

下載並安裝 Arduino IDE

如果想使用 7688 Duo 的 MCU 功能，必須要使用 Arduino IDE 1.6 以上的版本，這套開放原始碼軟體支援 Windows、Mac OS X、Linux 等主要作業系統。Windows 的版本分為 Windows（免安裝，下載後解壓縮即可）、 Windows Installer（自動安裝至 C:\Program Files 下）兩種版本。以下是 Arduino IDE 的下載連結： https://www.arduino.cc/en/Main/Software

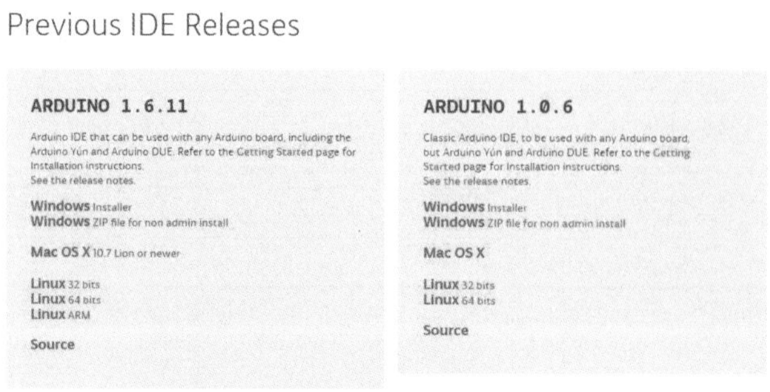

Previous IDE Releases

ARDUINO 1.6.11

Arduino IDE that can be used with any Arduino board, including the Arduino Yún and Arduino DUE. Refer to the Getting Started page for installation instructions.
See the release notes.

Windows Installer
Windows ZIP file for non admin install

Mac OS X 10.7 Lion or newer

Linux 32 bits
Linux 64 bits
Linux ARM

Source

ARDUINO 1.0.6

Classic Arduino IDE, to be used with any Arduino board, but Arduino Yún and Arduino DUE. Refer to the Getting Started page for installation instructions.
See the release notes.

Windows Installer
Windows ZIP file for non admin install

Mac OS X

Linux 32 bits
Linux 64 bits

Source

圖 2-3 Arduino IDE 軟體下載頁面

安裝完軟體之後，點擊兩次 arduino.exe 執行檔就可以開啟軟體了。開啟
Arduino IDE 後，執行畫面如圖 2-5。

arduino.exe

圖 2-4 ArduinoIDE 執行捷徑

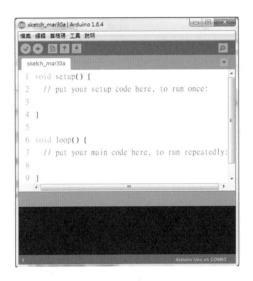

圖 2-5 Arduino IDE 執行預設畫面

在 Arduino IDE 中安裝 7688 Duo 軟體開發包

接著要進行的步驟是在 Arduino IDE 當中安裝 7688 Duo 相關的軟體開發
包，請依照以下的步驟進行。

STEP1

選擇**檔案（File）**，再點選**偏好設定（Preferences）**。

STEP2

在偏好設定畫面中，找到 Additional Boards Manager URLs 並輸入以下的超

連結後點選 OK，如圖 2-6。http://download.labs.mediatek.com/package_
mtk_linkit_smart_7688_test_index.json

圖 **2-6** Arduino IDE 設定下載開發板資訊超連結

STEP3

接 著 選 擇 **工 具（Tools）**，再 選 擇 **板 子（Board）**，點 選 **Boards
Manager...**

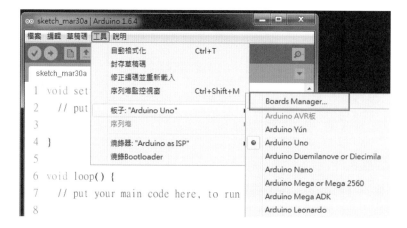

圖 **2-7** 選擇 Boards Manager

STEP4

開啟 Boards Manager 之後，Arduino 會自行上網更新是否有新的開發板
可以使用，或直接在上方搜尋列搜尋 7688 就能找到名叫「MediaTek LinkIt
Smart Boards」的選項，接著點選安裝（Install）之後就完成了。

圖 2-8 安裝 7688 Duo 開發板套件

7688 Duo 軟體設定

接下來我們就開始準備操作 7688 Duo，編寫 Arduino 草稿碼並上傳給 7688
Duo 的 MCU 後執行。在上傳程式之前，請先確認下面四個項目是否完成：

準備 Micro USB 線連接 7688 Duo 和電腦

注意！請找到選擇印有 PWR ／ MCU 字體的 USB 接頭，接頭的右方有個叫
MCU 的按鈕，按下按鈕的話，可以重新啟動 MCU 並再次執行程式。

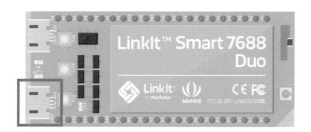

圖 2-9 7688 Duo 開發板圖示

確認裝置名稱

接著到 Windows 系統的裝置管理員中，確認在連接埠（COM 和 LPT）選項裡面是否有一個叫做「MediaTek LinkIt Smart 7688 Duo」的裝置名稱，如果有的話，請記下後面小括號的 COM 號碼，以圖 2-10 來說就是 COM 78，每一台的 COM 號碼不一定相同。如果沒有找到裝置的話，請先到聯發科的網站下載 7688 Duo 的驅動程式。下載連結：https://labs.mediatek.com/site/global/developer_tools/mediatek_linkit_smart_7688/get_started/7688_duo/port_drive/index.gsp

CAVEDU 說：

Windows10 會自動安裝驅動程式，但是在裝置管理員的連接埠中並不會顯示裝置名稱「MediaTek LinkIt Smart 7688 Duo」，而會直接顯示 COM 號碼，這時候要如何確認是否為 7688 Duo 的 COM 號碼呢？這時您可以拔掉電腦與 7688 Duo 之間的 USB 線，並檢查連接埠選項中的 COM 號碼是否消失。如果消失則確認為 7688 Duo 的 COM 號碼。

圖 2-10 Windows 作業系統裝置管理員 - 連接埠

選擇開發板

接著在 Arduino IDE 上，到**工具（Tool）**，再選擇**板子（Board）**，選擇開發板型號：**LinkIt Smart 7688 Duo**。

圖 2-11 選擇開發板型號

選擇序列埠。

在**工具（Tool）**中再選擇**序列埠（COM）**，選擇剛剛在電腦上記下的 COM 號碼，以本書來説就是 COM78，這樣就大功告成了。

圖 2-12 選擇開發板的 COM 號碼

認識軟體程式架構

接著我們要認識 Arduino 的程式架構，有五個重點部分，以下將詳細介紹，實際的操作介面請參考圖 2-13。

setup() 函式：

setup() 函式是程式的進入點，會依序執行其中的指令（放在 { } 括號中）之後進入 loop() 函式。我們通常會把初始化以及相關設定等一次性的操作放在這裡。

loop() 函式：

loop() 函式是程式主邏輯所在，其中的指令會不斷重複執行（loop 本來就是迴圈的意思）。您也可以自行定義其他函式並於 loop() 函式中來呼叫，藉此讓程式更簡潔易懂。

驗證（Verify）：

點選軟體左上角的打勾圖案進行驗證（Verify），可以確認程式有沒有發生語法衝突或錯誤定義。

上傳（Upload）：

程式語法沒有錯誤的話，接著點選向右的箭頭來上傳程式（Upload），將程式上傳到 7688 Duo 開發板上。

上傳完畢（Done Uploading）：

接著檢查軟體下方，看軟體是不是有出現**上傳完畢（Done Uploading）**字樣，如果有出現，代表已成功將程式上傳到 7688 Duo。

圖 2-13 Arduino IDE 上傳程式完畢

2-3　7688 Duo 範例實作

< EX2-1 > LED Blink

接著讓我們來實作 7688 Duo 控制電子元件吧，本次範例使用的材料：

名稱	數量
5mm LED 燈	1
220 歐姆電阻	1

首先來看看麵包板的構造，圖 2-14 是麵包板的外觀圖，從外表來看畫線的部分是內部的同一片金屬板，麵包板左右兩排的洞各有一條金屬條，只要在同一排金屬條上方的洞插上電線，同一排上的每個洞都是導通的。

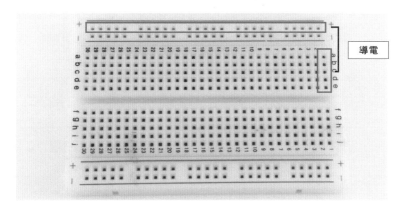

導電

圖 2-14 麵包板示意圖

接著來看看 LED 燈，一般 LED 燈下方的長腳為正極，短腳為負極 (GND)，如果看不出來哪一隻腳比較長，您可以看 LED 的燈泡內部，金屬片比較小片的那一端是正極，比較大片的是負極 (GND)。

圖 2-15 LED 燈

　　這是麵包板的接線圖，接下來的目標是用 7688 Duo 的 D13、GND 兩個腳位，
控制紅色的 LED 燈和 7688 Duo 的 LED 燈閃爍。

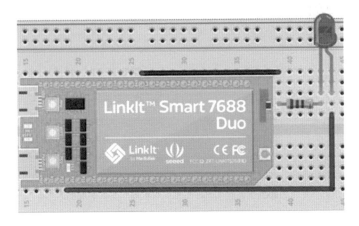

圖 **2-16** LED 範例接線圖

表 2-3　7688 Duo 與 LED 對應腳位

	7688 Duo	**LED**
腳位	13	+
	GND	-

　　請開啟範例＜ EX2-1 ＞並上傳程式，接下來看看各行的指令代表的意思：

setup：
使用 **pinMode（腳位 , 模式）**，輸入要使用的 7688 Duo 腳位，接著輸入
想要使用的模式，總共有 OUTPUT ／ INPUT 這兩種模式，決定這個腳位是否要輸
出電壓，還是要讀取輸入的電壓高低。

loop：
在迴圈中我們使用兩個指令 **digitalWrite（腳位 , 數值）**、**delay（毫秒）**，使用
digitalWrite 指令時，只要指定好腳位，在括號裡面輸入 HIGH 或者是 LOW，就
可以給 LED 燈輸出高電位／低電位，以 LED 燈來看就是亮／暗。使用 delay 指令
將整個程式暫停，暫停的時間以毫秒為單位。

CAVEDU 說：

指令 pinMode(13,OUTPUT)，代表 7688 Duo 開發板 13 號腳位為輸出模式。

指令 digitalWrite(13,HIGH)，代表 13 腳位切換成高電位。

指令 delay(1000)，代表讓程式等待一秒。

＜ EX2-1 ＞程式碼：

```
01     void setup() {
02       pinMode(13, OUTPUT);    // 初始化 13 號腳位為輸出腳位
03     }
04
05     // loop 函式會不斷執行其中內容
06     void loop() {
07       digitalWrite(13, HIGH);   // 打開 LED 燈（HIGH 是高電位）
08       delay(1000);              // 等待一秒
09       digitalWrite(13, LOW);    // 藉由低電位關掉 LED 燈
10       delay(1000);              // 等待一秒
11     }
```

2-4 7688 Duo 的感測器與擴充板

7688 Duo 擴充板

接下來將陸續介紹 7688 Duo 的擴充板與感測器,首先我們看到圖 2-17 為 Arduino Breakout for LinkIt Smart 7688 Duo,這是 7688 Duo 的專用擴充板,中間白色的接頭是 Seeed Studio 所主推的 Grove 連接埠,透過擴充板可以使用 7688 Duo 的 D4 ～ D9、A0 ～ A4、I²C 腳位,如圖 2-17,並且可以直接接上 Grove 系列的各種感測器,抓取感測器回傳的數值。

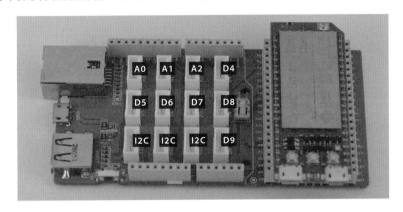

圖 2-17 LinkIt Smart 7688 Duo Arduino 相容擴充轉接板

您如果有下列的材料,可以做更多有趣的實驗喔!

名稱	數量
彈跳開關	1
10K 電阻	1
LED 燈	1
麵包板	1
市電延長線／公頭／母頭	1
簡易小家電(檯燈或是電扇)	

Grove Relay 繼電器模組

我們可以使用 Relay 的繼電器模組做小家電的控制應用,先改寫範例< EX2-1 >。首先必須把程式中使用的 D13 號腳位改成擴充板提供的數位接腳號碼 D4 ～ D9，這裡我們把程式碼從 13 號腳位改到 9 號腳位，請將繼電器模組接擴充板 D9 接頭上，上傳程式後，可以聽到繼電器模組每秒發出一次答答聲，代表繼電器正常運作。小家電控制器使用的材料有 Grove 繼電器 *1、市電延長線 *1，我們要拆開並剪斷市電延長線，把剪斷的延長線鎖進圖 2-18 的紅色區塊中。

圖 2-18 Grove Relay 繼電器模組

　　讓我們來改裝市電延長線，這裡使用的是 10 公分長的延長線，首先把插頭拿起來觀察插頭的金屬片哪一邊比較窄，一般比較窄的金屬片是火線，也是插座的電流首先通過的地方，我們把較窄金屬片那一側的電線剝開並剪斷，如圖 2-20。

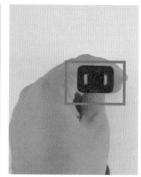

圖 2-19 10 公分市電延長線

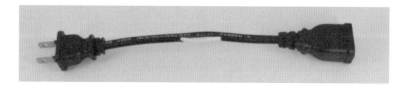

圖 2-20 剝開電線最外層

撥開線之後，把電線剪斷，並在左右兩端剝出長約一公分的金屬線，如圖 2-21。

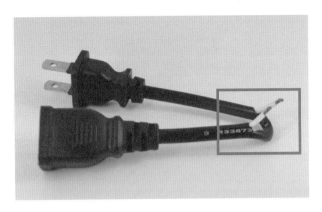

圖 **2-21** 將電線剪斷並剝開

在圖 2-18 的紅色區塊上可以看到兩個一字螺絲孔，將螺絲孔鬆開之後，將想要控制連接／斷線的電線兩端分別插入左右兩邊的洞口中，再將一字螺絲孔鎖緊即可使用，圖 2-22 為完成圖。

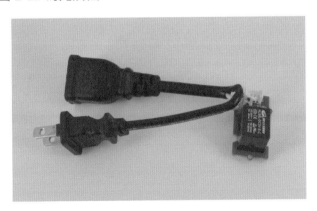

圖 **2-22** 小家電控制器完成圖

Grove 觸碰模組

< EX2-2 >

第一個範例由 7688 Duo 控制是否輸出電力，接著要讀取 7688 Duo 腳位的高低電位狀態，使用圖 2-23 中的觸碰模組，使用時請將觸碰模組接到擴充板 D4 接頭上。如果我們按住模組時，7688 Duo 應當偵測到高電位，接著命令 7688

Duo 的 13 號 LED 燈亮起。放開後，7688 Duo 偵測到低電位，LED 燈就熄滅。

圖 2-23 Grove 觸碰模組

彈跳開關

如果使用 Grove 彈跳開關模組，直接接在 7688 Duo 擴充板的 D4 腳位上即可，或者您也可以使用一般常見的彈跳開關，材料如下。如圖 2-24 的接線圖，按鈕的上方連接 7688 Duo 的 GND 腳位，按鈕另一側連接一個 10K 歐姆的電阻（避免腳位浮動）之後與 D4 腳位連接：

名稱	數量
彈跳開關	1
10K 電阻	1

圖 2-24 彈跳開關範例接線圖

表 2-4　7688 Duo 與彈跳開關腳位對應

	7688 Duo	彈跳開關
腳位	D4	2
	GND	1

　　請開啟範例＜ EX2-2 ＞並上傳程式，我們看程式碼的部分：

setup：

本範例使用兩個變數，名稱 buttonPin、ledPin 以代表腳位的號碼 4、13。第 8 ～ 9 行，設定 4 號腳位為 INPUT（輸入），偵測按鈕是否有被按下。接著設定 13 號腳位為 OUTPUT（輸出），控制 LED 燈亮暗。

loop：

行號 12 ～ 22 行，使用 digitalRead 指令來偵測，偵測腳位是高電位（HIGH）或低電位（LOW），將結果儲存在變數 buttonState。接著使用判斷式 if-else，如果按下按鈕，4 號腳位會偵測高電位（HIGH），LED 燈亮起。如果放鬆按鈕，4 號腳位會偵測低電位（LOW），LED 燈熄滅。

＜ EX2-2 ＞程式碼

```
01                                          // 設定腳位號碼
02     const int buttonPin = 4;             // 開關的腳位號碼
03     const int ledPin =  13;              // LED 燈的腳位號碼
04     int buttonState = 0;                 // 讀取按鈕狀態的變數
05
06     void setup() {
07       pinMode(ledPin, OUTPUT);           // 初始化 LED 燈腳位為輸出
08       pinMode(buttonPin, INPUT);         // 初始化按鈕為輸入
09     }
10
11     void loop() {
12       buttonState = digitalRead(buttonPin); // 讀取按鈕狀態
13       // 確認按鈕是否被按壓如果是，狀態為 HIGH
14
15       if (buttonState == HIGH) {
```

```
16          digitalWrite(ledPin, HIGH);    // 開啟 LED 燈
17        }
18      else {
19          digitalWrite(ledPin, LOW);    // 關閉 LED 燈
20        }
21      }
```

Grove 光感測器模組

< EX2-3 > 感測光線變化

　　這個範例使用的是 Grove 光感測器模組，這個感測器反應可以反應光源的強度。把手放在紅色的區塊，當紅色區塊的電子元件被遮住時，光感測器模組傳送出的數值會降低；反之當電子元件被光照射時，光感測器模組傳送出的數值會增加。圖 2-25 為 Grove 光感測器模組，使用時請將光感測器模組接到擴充板的 A0 接頭上。

圖 2-25 Grove 光感測器模組

　　請開啟範例 < EX2-3 > 並上傳程式，我們來看程式碼的部分：

setup：
使用指令 **Serial.begin（鮑率）**，鮑率簡單來說是資料傳送的速率，而在這裡使用 Serial.begin（9600）的目的是為了開啟 Arduino 晶片與電腦之間的通訊連線，這裡設定的通訊速度為 9600。

loop：
在迴圈中使用了兩個指令 **analogRead（腳位）**、**Serial.println（內容）**，使用 analogRead 指令時，限定使用類比輸入腳位，7688 Duo 共有 A0-A5 六個腳

位，只要指定好腳位，就可以讀取這個腳位的電壓數值，可以讀取的電壓範圍是 0 ～ 5V，顯示增加了出來的參數範圍為 0 ～ 1023，換句話說每增加 1 的參數代表這個腳位多讀取到 0.049V 的電壓。Serial.println 指令會將小括弧的內容顯示於 Serkal Monitn。

< EX2-3 >程式碼

```
01    void setup() {
02      Serial.begin(9600);              // 初始化 Serial 通訊為每秒 9600bits
03
04    }
05    // loop 函式會不斷執行其中內容
06    void loop() {
07      int sensorValue = analogRead(A0);  // 讀取 A0 腳位的輸入值
08      Serial.println(sensorValue);       // 列印讀取的數值
09      delay(1);                          // 為了維持穩定性，每一次讀取之間的延遲時間
10    }
```

Grove 氣體感測器模組

< EX2-4 >感測氣體濃度變化

MQ2 氣體感測器模組運用電壓的高低告知使用者現在某種氣體的濃度高低，可以偵測氫氣、液化天然氣、甲烷、一氧化碳、酒精等氣體，圖 2-27 是感測器濃度比值的圖，當上述氣體的濃度變高時，Rs ／ R0 的比值就會下降，使用時請將氣體感測器模組接到擴充板的 A0 接頭上。

圖 2-26 Grove MQ2 氣體感測器模組

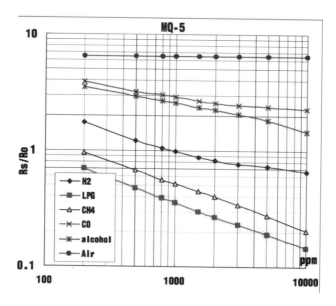

圖 2-27 氣體比例關係圖 *

請開啟範例＜ EX2-4 ＞並上傳程式，我們來看程式碼的部分：

setup:
與＜ EX2-3 ＞的設定相同。

loop:
loop 函式可分為三個部分，12 ～ 16 行對 A0 腳位的數值取樣一百次之後再取平均值。19 ～ 21 行將 A0 的數值換算成電壓，並使用原廠提供的參數計算出 Rs、R0 的數值。23 ～ 29 行將讀取的電壓與 R0 的資料顯示於 Serial Monitor。

＜ EX2-4 ＞程式碼

```
01      void setup() {
02        Serial.begin(9600);        // 初始化 Serial 通訊為每秒 9600bits
03      }
04
05      void loop() {
06        float sensor_volt;
07        float RS_air;              // 以乾淨空氣為基準，讀取 RS 的資料
```

```
08      float R0;                           // 讀取在 H2 中的 R0 資料
09      float sensorValue;
10
11    /* 得到一百次取樣的平均數值 */
12      for(int x = 0 ; x < 100 ; x++)
13      {
14        sensorValue = sensorValue + analogRead(A0);
15      }
16      sensorValue = sensorValue/100.0;
17    /*------------------------------------------------*/
18
19      sensor_volt = sensorValue/1024*5.0;
20      RS_air = (5.0-sensor_volt)/sensor_volt; // omit *RL
21      R0 = RS_air/6.5;      // RS 與 R0 的比例請參考
22
23      Serial.print("sensor_volt = ");
24      Serial.print(sensor_volt);
25      Serial.println("V");
26
27      Serial.print("R0 = ");
28      Serial.println(R0);
29      delay(1000);
30    }
```

Grove 紅外線接收模組

< EX2-5 >收發紅外線資料

　　由於紅外線具有裝置體積小、電路設計容易、成本低、低耗電等優勢，紅外線控制是生活中比較普遍使用的無線控制方式，一般家電如冷氣、電視機、電風扇、投影機大多是紅外線遙控器，紅外線是一種不可見光，我們生活中有許多東西會發出紅外線，如太陽、人體、燈泡等。為了避免誤解，紅外線接收器被設計只接收到特定頻率、通訊協定時才會被啟動。

圖 **2-28** 紅外線發射器與紅外線遙控器

　　我們舉 NEC 的紅外線通訊協定為例，只有在符合該協定的狀況，紅外線接收器才會收到資料。

NEC 協定：

　　（1）資料長度為一個八位元的位址與一個八位元的指令（一共 16 位元）。

　　（2）在擴充模式下位址長度與命令資料長度加倍（一共 32 位元）。

　　（3）頻率為 38KHz。

　　代表位元 1 的資料長度為 2.25 毫秒，由 560 微秒的脈衝與 1960 微秒的低電位組成。位元 0 的資料長度為 1.12 毫秒，由 560 微秒的脈衝與 560 微秒的低電位組成，如圖 2-26。

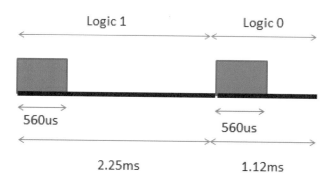

圖 **2-29** 紅外線的邏輯訊號

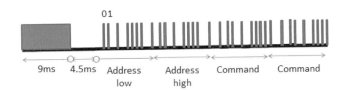

圖 **2-30** 紅外線通訊格式 NEC 協定

圖 **2-31** Grove 紅外線接收模組

　　< EX2-5 >將使用 Grove 紅外線接收模組讀取來自紅外線遙控器的訊號，我們使用範例讀取遙控器上每個按鈕的訊號。

　　請開啟範例< EX2-5 >並上傳程式，我們來看程式碼的部分：

include：
匯入 IR SendRev 函式庫，負責整理紅外線接收指令。

程式碼 3-11 行：
第 3 ～ 9 行設定接收紅外線資料時，每一個種類資料儲存的陣列位址。第 11 行的 const int pinRecv = 2，指定紅外線接收模組使用 D2 腳位

setup：
指令 Serial.begin()，目的是建立電腦與 7688 Duo 之間的 USB 通訊，以在序列顯示器，顯示紅外線的資訊。指令 IR.Init（腳位），指定紅外線的訊號腳位為 D2。

loop：

指令 IR.IsDta()，當紅外線接收模組沒有接收到資料時，IR.IsDta() 回傳的資料為 0，反之接收到資料時，IR.IsDta() 回傳的資料大於 0。指令 IR.Recv(dta)，會將紅外線接收模組接收到的資料儲存在陣列 dta 之中，接收完紅外線的資料之後，我們可以用呼叫 dat[0]、dat[1]、dat[2]…的方式，將資料的總長度、資料的開始資訊、資料內容、資料內容的長度個別顯示出來。

< EX2-5 >程式碼

```
01    #include <IRSendRev.h>
02
03    #define BIT_LEN          0
04    #define BIT_START_H      1
05    #define BIT_START_L      2
06    #define BIT_DATA_H       3
07    #define BIT_DATA_L       4
08    #define BIT_DATA_LEN     5
09    #define BIT_DATA         6
10
11    const int pinRecv = 2;            // 紅外線接收器為 D2 腳位
12
13    void setup()
14    {
15        Serial.begin(115200);
16        IR.Init(pinRecv);
17        Serial.println("init over");
18    }
19
20    unsigned char dta[20];
21
22    void loop()
23    {
24        if(IR.IsDta())                // 抓取紅外線資料
25        {
26            IR.Recv(dta);             // 紅外線資料儲存於 dta
27
28          Serial.println("+---------------------------------------------+");
```

```
29              Serial.print("LEN = ");
30              Serial.println(dta[BIT_LEN]);
31              Serial.print("START_H: ");
32              Serial.print(dta[BIT_START_H]);
33              Serial.print("\tSTART_L: ");
34              Serial.println(dta[BIT_START_L]);
35
36              Serial.print("DATA_H: ");
37              Serial.print(dta[BIT_DATA_H]);
38              Serial.print("\tDATA_L: ");
39              Serial.println(dta[BIT_DATA_L]);
40
41              Serial.print("\r\nDATA_LEN = ");
42              Serial.println(dta[BIT_DATA_LEN]);
43
44              Serial.print("DATA: ");
45              for(int i=0; i<dta[BIT_DATA_LEN]; i++)
46        {
47                  Serial.print("0x");
48                  Serial.print(dta[i+BIT_DATA], HEX);
49                  Serial.print("\t");
50              }
51              Serial.println();
52
53              Serial.print("DATA: ");
54          for(int i=0; i<dta[BIT_DATA_LEN]; i++)
55          {
56                  Serial.print(dta[i+BIT_DATA], DEC);   // 顯示紅外線資料
57                  Serial.print("\t");
58              }
59      Serial.println();
60
61      Serial.println("+--------------------------------------------+\r\n\r\n");
62    }
63    }
```

Grove OLED 模組

＜ EX2-6 ＞ OLED 顯示器

圖 **2-32** Grove OLED 顯示器

在＜ EX2-3 ＞中使用 Serial.println() 指令將光感測器模組的數值顯示在電腦螢幕上，現在您可以在＜ EX2-6 ＞中學習如何把資訊顯示在 OLED 顯示器上，使用時請將 OLED 顯示器接在擴充板的 I²C 連接埠上。

請開啟範例＜ EX2-6 ＞並上傳程式，讓我們來看程式碼的部分：

include:
使用 Wire 函式庫，負責使用 I²C 腳位與顯示器進行溝通。
SeeedOLED 函式庫負責將我們所要的資訊（文字、數字與符號）顯示於 OLED 螢幕。

setup:
指令 Wire.begin()，開啟開發板與顯示器之間的 I²C 通訊。
指令 SeeedOled.init()，對顯示器下指令，讓顯示器顯示的畫面初始化。
指令 SeeedOled.clearDisplay()，清除顯示器顯示的內容，把游標移到左上角。
指令 SeeedOled.setNormalDisplay()，設定顯示模式為一般模式
指令 SeeedOled.setPageMode()，設定頁面模式。
指令 SeeedOled.setTextXY(0,0)，設定顯示器游標的座標點（0,0）。
指令 SeeedOled.putString("Hello World!")，在顯示器上列印 Hello World。

<EX2-6> 程式碼

```
01      #include <Wire.h>
```

```
02      #include <SeeedOLED.h>
03
04
05      void setup()
06      {
07        Wire.begin();
08        SeeedOled.init();    // 初始化 SeeeD OLED 顯示器
09        DDRB|=0x21;
10        PORTB |= 0x21;
11
12        SeeedOled.clearDisplay();         // 清除顯示器並回到顯示器起始座標
13      SeeedOled.setNormalDisplay();       // 設定顯示模式為一般模式
14      SeeedOled.setPageMode();            // 設定頁面模式
15        SeeedOled.setTextXY(0,0);         // 設定游標的 XY 座標
16      SeeedOled.putString("Hello World!"); // 列印字串
17
18      }
19
20      void loop()
21      {
22           // 無內容
23      }
```

2-5 總結

　　本章節介紹如何將 7688 Duo 作為一般的 Arduino 開發板使用，透過 Arduino IDE 編寫程式，並以 Seeed Studio 所推出的 LinkIt Smart 7688 Duo 物聯網感測器套件包為素材，希望能協助您更了解相關的運用方式。

　　您若在其他的 Arduino 書籍上或網路上看到相關的應用教學，您也可以嘗試將這些內容移植到 7688 Duo 開發板上。

2-6　延伸挑戰

1 請修改＜ EX2-1 ＞讓 LED 燈從一亮一滅，改為漸明漸滅。

2 請修改＜ EX2-3 ＞控制 LED 燈，當光感測器模組受到遮蔽時，此時打開
　 LED 燈，當光感測器模組不受遮蔽有光線照射時（日光或是一般室內燈
　 光），關閉 LED 燈。

3 請修改＜ EX2-5 ＞，使用紅外線接收模組，拿起自家電視遙控器選擇兩個
　 按鈕收錄紅外線訊號，透過遙控器進行 LED 燈控制。

4 做完第三項的延伸挑戰後，可以結合＜ EX2-1 ＞提到的繼電器延長線，使
　 用遙控器控制簡易的家電。

第三章

網路連線設定

本章節我們將探討如何使用 7688 Duo 對熱點連線並使用網際網路的資源。

本章材料：

名稱	數量
LinkIt Smart 7688 Duo	1
Webcam C170	1
OTG 線	1

3-1　將 7688 Duo 切換為 Station Mode

　　AP Mode（AP 模式）的「AP」被稱為 Access Point（無線接入點），可以允許其它的無線裝置接入 7688 Duo，在手機介面上常被稱為 Wi-Fi 熱點。Station Mode（Station 模式）則類似無線終端，Station 不接受其它的無線裝置接入，但是可以連到其他 AP，在手機介面上常被稱為 Wi-Fi 無線網路連線，如果您想隨時帶著 7688 Duo 到處移動、上網，可以開啟手機的 Wi-Fi 熱點，讓 7688 Duo 以 Station Mode 連線至您的手機熱點。

7688 Duo Wi-Fi 設定

　　7688 Duo 本身沒有顯示器，如果我們想知道 7688 Duo 無線連線的狀態，必須要透過 Wi-Fi 指示燈，位置是 7688 Duo 的 Micro USB（標有 PWR ／ MCU 字樣）旁邊的 LED 燈（標有 Wi-Fi 字樣），圖 3-1 是聯發科創意實驗室提供的 Wi-Fi 指示燈狀態圖，Wi-Fi 啟動分作兩個階段：

啟動 Linux 作業系統：
　　7688 Duo 接上電源後，指示燈閃爍一次進入開機初始化設定，接著指示燈會持續亮燈約 30 秒，代表 Linux 作業系統執行初始化設定。

啟動 Wi-Fi 模式：
　　Wi-Fi 模式共有四種（下列敘述需與圖 3-1 對照）

◎ AP Mode 尚未被連線時，指示燈保持熄滅的狀態。
◎ AP Mode 被連線時，指示燈一秒內閃爍三次，亮滅之間的間隔約 0.5 秒。

◎ Station Mode 當 7688 Duo 嘗試連線中，指示燈維持每秒鐘閃爍一次。
◎ Station Mode 當 7688 Duo 連線成功時，指示燈會依照資料的傳輸量大小
改變閃爍的頻率。

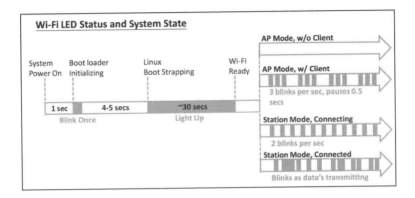

圖 3-1 Wi-Fi 指示燈狀態 *

7688 Duo 的 AP Mode

7688 Duo 只要接上電源就會變成一個 Wi-Fi 網路（圖 3-2a），電腦或手機可
以直接連到這個網路，不需要密碼，此時 7688 Duo 處於 AP Mode。請開啟網路
瀏覽器並輸入預設 IP 位址（192.168.100.1）即可進入 7688 Duo 的網路設定畫面。

圖 3-2a 7688 Duo 的 AP Mode

但如果已經設定為 Station Mode 的 7688 Duo，則會在接上電源之後自動去連接所指定的 Wi-Fi 網路，如果沒有連到的話也不會切回 AP Mode。您可以按住 7688 上的 Wi-Fi 按鈕 5 秒鐘讓它回到 AP Mode 之後再次設定新的網路。

7688 Duo 進入 Station Mode

電腦與 7688 Duo 無線連接的狀態下，有兩種方式進入 Station Mode。一種是使用瀏覽器在網路介面下設定；另一種則是使用連線程式在純文字環境下進行設定，以下我們將介紹這二種設定。

網路介面設定

請先連上 7688 Duo 所產生的 Wi-Fi 網路（當然是 AP 模式），開啟瀏覽器畫面後輸入預設 IP（192.168.100.1）或預設網址（http://mylinkit.local），登入畫面如圖 3-2b。首次登入 7688 Duo 的網路介面時須先設定一組密碼，後續不論是用網路介面或是 SSH 登入都需要這組密碼，別忘記囉。

圖 3-2b 圖形化介面登入畫面

請注意在圖形化介面上設定更改完成後，7688 Duo 會自動重開機。登入之後，點選右上角 Network 選項，在此可以更改設定 AP Mode 連線時的名稱與密碼。請選擇 Station Mode，選擇想連接 Wi-Fi 的 SSID 與密碼。

圖 3-3 選擇 Station Mode 畫面

點選 Detected Wi-Fi network，選擇想連接 Wi-Fi 的 SSID 名稱並輸入密碼，
如果沒列出預期的 SSID，按下 REFRESH 按鈕後即可更新。

圖 3-4 設定 Station Mode

純文字環境設定

開啟 Putty.exe 檔案（下載連結：https://the.earth.li/~sgtatham/putty/
latest/x86/putty.exe），如圖 3-5，開啟組態介面進行設定，在 Host Name（or
IP address）輸入框輸入 AP Mode 的預設 IP：192.168.100.1。接著在 Connection
type 選項選擇 SSH，按下 open 按鈕之後電腦會嘗試對 7688 Duo 進行連線，連
線成功後畫面會轉為黑底白字的純文字畫面，如圖 3-6。輸入預設帳號：root，

預設密碼：您先前預設的密碼，就能進入 7688 Duo 的 OpenWrt 系統。

圖 **3-5** Putty 組態介面

　　圖 3-6 是透過 Putty 連線進入的 OpenWrt 純文字介面，OpenWrt 是一套 Linux 的發行版本，常被用於嵌入式開發板上的無線路由器韌體，雖然是韌體但也可以做為檔案系統使用。您可以透過 OpenWrt 內建的套件管理工具下載套件來對系統進行擴充，純文字介面上的命令方式與 Linux 系統的命令方式相同。

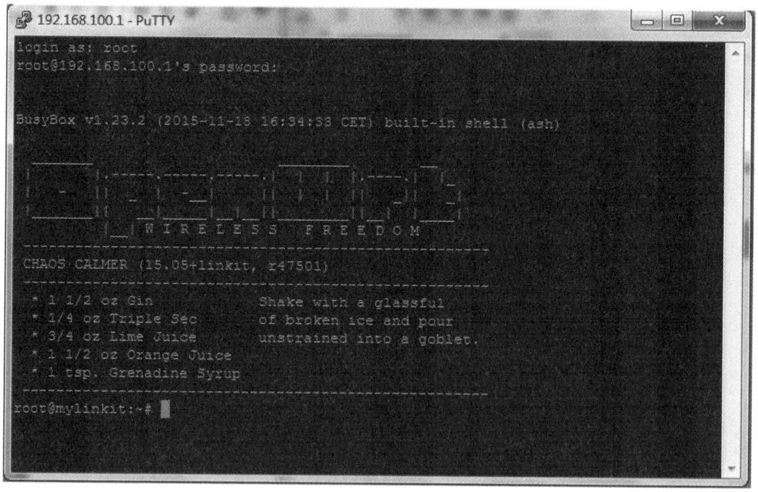

圖 **3-6** Putty 登入環境畫面

接著按照下面四個步驟進行設定：

◎ AP 名稱（MyAP）

◎加密模式 （psk2）

◎ AP 密碼 （12345678）

◎開啟無線連線 （0 or 1）

純文字介面指令（韌體版本為 0.9.2、0.9.3 版本）

```
# uci set wireless.sta.ssid=MyAP          （AP 的 SSID）
# uci set wireless.sta.encryption=psk2    （加密模式）
# uci set wireless.sta.key=12345678       （AP 密碼）
# uci set wireless.sta.disabled=0         （將 stationMode，打開 =0）
# uci commit                              （變更為我們剛剛設定的組態設定）
# wifi
```

純文字介面指令（韌體版本為 0.9.4 版本）

```
# uci set wireless.sta.ssid=MyAP          （AP 的 SSID）
# uci set wireless.sta.encryption=psk2    （加密模式）
# uci set wireless.sta.key=12345678       （AP 密碼）
# uci commit                              （變更為我們剛剛設定的組態設定）
# wifi_Mode sta
```

讓我們以上述其中一行的指令 uci set wireless.sta.ssid=MyAP 來解釋：

◎uci 指 令 是 OpenWrt 系 統 的 統 一 配 置 介 面（unified configuration interface），uci 指 令 的 使 用 方 法：uci 〔<options>〕<command> 〔<arguments>〕，

◎set 設定指令，使用方法：<config>.<section>〔.<option>〕=<value>

◎ wireless.sta.ssid 指令，對 /etc/config 資料夾中的 wireless 的組態進行 Wi-Fi 的 SSID 設定，我們連線的 AP 名稱為 MyAP（每個使用者連線的 AP 名稱不同）。

更改的 Wi-Fi 設定也可以儲存在檔案：wireless，首先使用 cd 指令移動到資料夾：etc/config，接著使用文字編輯程式打開 wireless 檔案，開啟成功畫面請參考圖 3-7。

實戰物聯網
Linkit Smart 7688 Duo

CAVEDU 說：為什麼要另外安裝 nano ？

nano 與 vim 都是 linux 系統上非常普遍的文字編輯器，可直接在終端機上執行。7688 Duo 已經裝好了 vim，但由於組合鍵比較多，推薦可以安裝 nano，在操作上比較直觀易懂。當然如果您已經熟悉 vim，就不必再安裝了。請在 7688 Duo 終端機中輸入以下指令來安裝 nano：

$ opkg install nano

純文字介面指令（韌體版本為 0.9.2、0.9.3 版本）

```
# cd /etc/config                    （切換到 config 資料夾）
# nano wireless                     （使用 nano 編輯器，開啟 wireless 組態檔案）
# uci set wireless.sta.disabled=0    （開啟 Station Mode）
# uci commit                    （變更為我們剛剛設定的組態設定）
# WIFI (or wifi)
# ping 8.8.8.8
（對 Google 所提供的 DNS 伺服器 IP 位址 8.8.8.8 進行連線偵測）
```

純文字介面指令（韌體版本為 0.9.4 版本）

```
# cd /etc/config                    （切換到 config 資料夾）
# nano wireless                     （使用 nano 編輯器，開啟 wireless 組態檔案）
# uci commit                    （變更為我們剛剛設定的組態設定）
# wifi_Mode sta
# ping 8.8.8.8
（對 Google 所提供的 DNS 伺服器 IP 位址 8.8.8.8 進行連線偵測）
```

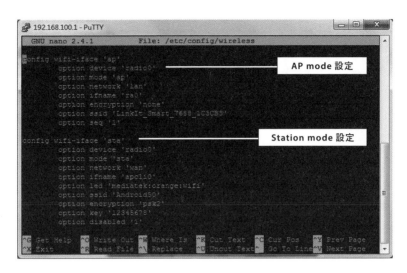

圖 3-7 OpenWrt 的 wireless 設定畫面

　　我們也可使用指令將 Station Mode 轉為 AP Mode，將指令 uci set wireless.sta.disabled 的參數改為 1 即可。

純文字介面指令（韌體版本為 0.9.2、0.9.3 版本）

```
# uci set wireless.sta.disabled=1    （開啟 AP Mode）
# uci commit                  （變更為我們剛剛設定的組態設定）
# WIFI
```

純文字介面指令（韌體版本為 0.9.4 版本）

```
# uci set wireless.sta.disabled=1    （開啟 AP Mode）
# uci commit                  （變更為我們剛剛設定的組態設定）
# wifi_mode ap
```

使用按鈕將 Wi-Fi 從 Station Mode → AP Mode

　　7688 Duo 開發板上有三個按鈕，分別標示為 MCU、WIFI、MPU，按住中間的按鈕（WiFi）五秒到十秒鐘後再放開，7688 Duo 會以 AP Mode 重新啟動。

使用按鈕將 Wi-Fi 返回原廠設定

　　如果忘記 Wi-Fi 的登入密碼，可以將 7688 Duo 回復成原廠設定，我們就能再次登入設定密碼，按住開發板中間的按鈕（WiFi）三十秒到一分鐘後再放開，

7688 Duo 便會回復到原廠設定後重新啟動。設定上有相關更新請參考 CAVEDU
的技術部落格：http://blog.covedu.com/?s=7688。

3-2 與 7688 Duo 進行遠端連線

遠端連線

　　7688 Duo 連線到指定的 Wi-Fi 無線網路之後，就無法再使用 192.168.100.1
進行遠端連線了。舉例來說，7688 Duo 連線到 MyAP 這個無線網路之後，我們
必須要達成兩個條件才能與 7688 Duo 進行連線。

條件一、電腦必須與 7688 Duo 同一個網段。

　　一般情況下，電腦也需連線到 MyAP 的分享器才行。或者指派給 7688 Duo
的 IP 為實體 IP（一般需要跟電信業者申請才會得到實體 IP）。

條件二、必須得知網路分享器分配給 7688 Duo 的 IP。

　　如果使用者擁有分享器的管理權限，可以直接到分享器管理介面裡查詢現在
有哪一些裝置與分享器進行連線，以及分享器分配給裝置的 IP。如果沒有分享器
的管理權限，就必須使用軟體進行 IP 掃描。

IP 掃描

尋找網段

　　現在我們想知道一般 Wi-Fi 分享器分配給 7688 Duo 的 IP，我們要進行 IP 掃
描，（1）首先讓電腦與 7688 Duo 裝置在同一個網段（電腦與 7688 Duo 連到
同一個分享器即可），（2）接著查詢 Wi-Fi 分享器配給電腦的 IP，以 Windows
作業系統為例，我們到控制台→網路與網際網路→網路和共用中心，點選現在
連線的無線網路連線，可以開啟無線網路連線狀態的介面，（3）接著在介面
中點選按鈕「詳細資料」，會再跳出一個網路連線詳細資料的介面，介面中的
IPv4 顯示的 IP 就是 Wi-Fi 分享器分配給電腦的 IP，圖 3-8a 的 IPv4 顯示的 IP 為
192.168.2.127 或者您可使用 cmd+ipconfig 指令查詢，如圖 3-8b。

圖 **3-8a** Windows 開啟 IPv4

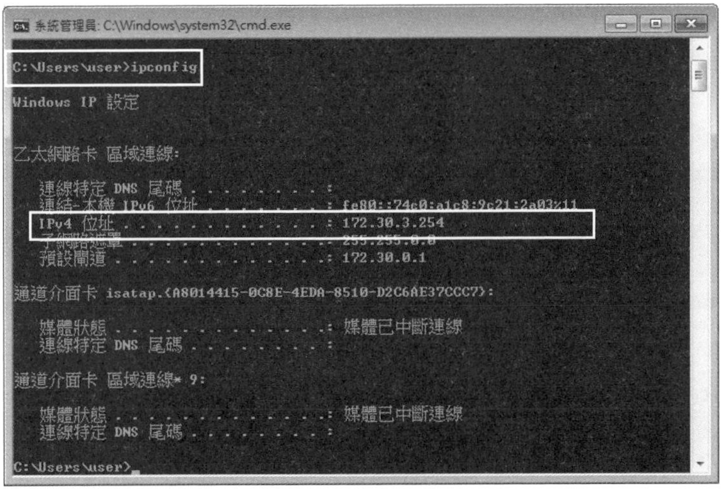

圖 **3-8b** 使用 cmd 查詢

IP 掃描軟體介紹

　　一般的 Wi-Fi 分享器只有最後面一段的 IP 可以自由分配，以圖 3-8a 來說，我們得知分享器分配給電腦的 IP 是 192.168.2.127，代表分享器可以分配的 IP 範圍有 192.168.2.1 ～ 255，一共 255 個 IP 可以自由分配，那 7688 Duo 一定是 192.168.2.1 ～ 255 其中一個 IP。

接下來將介紹兩個 IP 掃描軟體的用法，您可至以下網址，分別下載這兩個軟體，IP Scanner（www.eusing.com/ipscan/free_ip_scanner.htm）、Nmap Zenmap（nmap.org/zenmap/）。

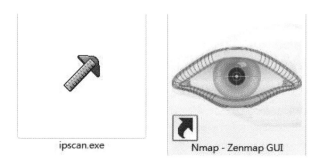

ipscan.exe   Nmap - Zenmap GUI

圖 **3-9** IP 掃描軟體

IP Scanner

先點選 IP Scanner 捷徑開啟軟體介面，開啟後的畫面如圖 3-10，接著在「IP Range From」右邊的兩個輸入框中，在（1）（2）分別輸入要掃描的 IP 範圍 192.168.2.1、192.168.2.255。接著在（3）按下按鈕「Start Scanning」進行掃描，掃描完成後下方會出現掃描過的 IP 與資訊，首先看 User 的選項，查看是否有名為 LinkIt 的使用者，使用者對應的 IP：192.168.2.138 就是 Wi-Fi 分享器分配給 7688 Duo 的 IP，在前面使用 Putty 進行遠端連線時，輸入這個 IP（範例的 IP 為 192.168.2.138）即可連線。

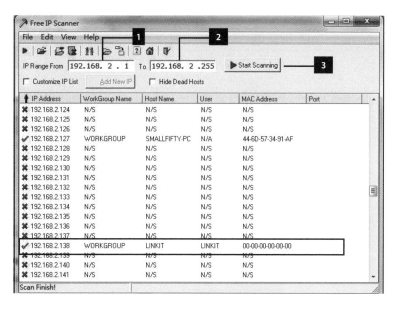

圖 **3-10** IP Scanner 軟體介面

Nmap Zenmap

IP Scanner 的優點是掃描比較快速，但是一台分享器如果連線十台以上的 7688 Duo，在使用者名稱相同的狀況下，會無法分辨誰是誰，這時就需要確認每個裝置的 MAC Address，MAC Address 就如同家裡的地址一樣，是不會重複的，IP Scanner 比較找不出連線裝置的 MAC Address，所以我們可以使用掃描時間比較長，但是掃描出來的資訊比較齊全的 Nmap Zenmap。

先點選 Zenmap 的捷徑開啟軟體介面，開啟畫面如圖 3-11，（1）在「Target」的輸入框輸入想掃描的 IP 範圍 192.168.2.1-255，（2）接著在「Profile」的輸入框中選擇 Ping scan，（3）按下按鈕「Scan」後進行掃描，掃描完成後介面左方會顯示有回應的 IP 與裝置名稱。如果您想更準確地知道這個是否為 7688 Duo 所使用的 IP，可以用 MAC Address 做確認。以圖 3-11 為例，我想查看 IP：192.168.2.138 的 MAC Address，（4）（5）（6）先點選左邊的 IP，在中間一行的按鈕中，點選 Host Details 後即可看到 MAC Address，最後四碼「4F:91」就是 3，這與 7688 Duo AP Mode 所顯示的名稱相同。

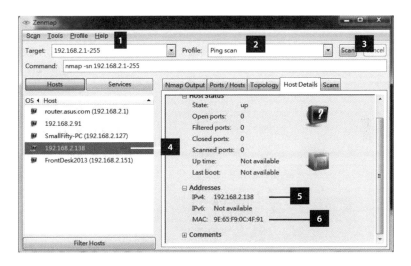

圖 **3-11** Nmap Zenmap 軟體介面

測試網際網路

找到分享器給 7688 Duo 的 IP 之後，使用 Putty 進行遠端連線，輸入下列指令即可測試連線，IP：8.8.8.8 與 8.8.4.4 是 Google 提供的公開網域 IP，以圖 3-12 為例，64bytes 為 Putty 回傳每一次傳輸資料的大小，time =15.196ms 為資料回傳的延遲時間。

#ping 8.8.8.8

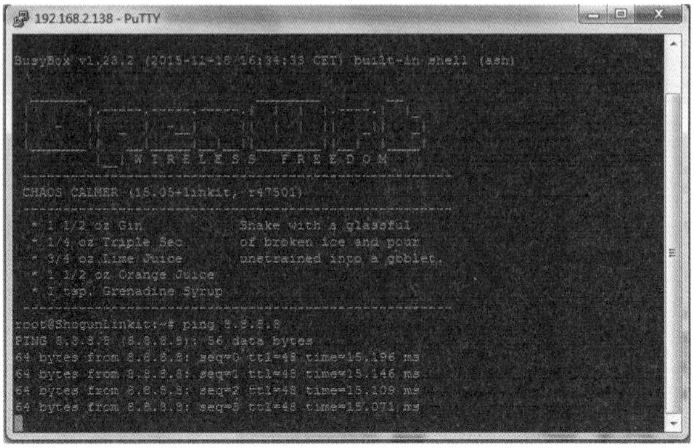

圖 **3-12** 在 Putty 中檢測網路連線品質

3-3 使用 OpenWrt 系統進行基本控制

套件更新

　　opkg 是 OpenWrt 的套件管理軟體，它可以**更新（update、upgrade）**、**安裝（install）**、**移除（remove）**、**列出（list）**現在 OpenWrt 系統安裝的套件，以及可以在網路上下載安裝的套件，請在 terminal 輸入以下二行指令。

```
# opkg update          （更新管理套件）
# opkg install nano   （好用的文字編輯器）
```

圖 **3-13** 7688 Duo 安裝套件時的畫面

在 OpenWrt 系統編輯 / 執行程式

以下介紹兩款在 7688 Duo 執行的程式語言 Python 與 Node.js。

Python

Python 是一個物件導向式的程式語言,在許多領域都有著大量的使用者,並有豐富的函式庫。Windows、Mac OS X、Linux 或較少被使用的系統上都可以執行 Python,較常被使用於網頁開發、資料庫支援、科學計算。

我們使用 Python 語法做一個範例體驗看看吧,首先執行下列指令 nano test.py,使用 nano 文字編輯器開啟／建立名為 test 的 .py 檔案,putty 畫面會切換到檔案內容,使用鍵盤 Ctrl+X 可以離開檔案畫面。

```
#nano test.py
```

Python 的特徵在於(1)宣告變數不需要指定其資料型態,例如 a=3,相當於宣告一個名為 a 的物件,當呼叫 a 時,a 等於數字 3。(2)Python 不使用分號;做為命令結尾,程式碼由第一行寫到第二行時,Python 會認定第二行開始是一個全新的命令,不會把第一行的命令視為同一個命令,請寫入下列程式碼。

```
01      a=3
02      b=5
03      print a+b
04      print a*b
05      print ("Hello python on 7688 Duo")
```

圖 3-14 test.py 程式碼

程式碼撰寫完畢後,按下 Ctrl+X 再按 y 儲存檔案後,Putty 會回到平常的文字命令列模式。請在命令列模式輸入以下指令即可執行程式。

#python test.py

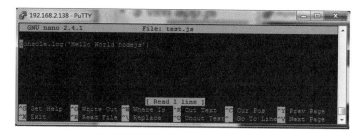

圖 **3-15** test.py 執行結果

Node.js

　　Node.js 是一個開發平台，可以幫助使用者架設具有複雜邏輯的網站、Web socket 伺服器、TCP/UDP 通訊程式等網路應用的程式，也可以在平台上編輯 Javascript 的程式，使用過 Java、Javascript、C 語言的使用者，比較容易進入 Node.js 的開發平台。讓我們先來編寫下列的程式吧。

#nano app.js

　　在檔案中編輯下列程式碼。指令 console.log()，可顯示小括弧的內容並換行。

console.log('Hello World nodejs')

圖 **3-16** test.js 程式碼

　　儲存檔案後，執行下列指令：

#node test.js

　　這行指令代表使用 Node.js 檔案 test.js。

圖 **3-17** test.js 執行結果

使用 Node.js 控制 7688 Duo 腳位

圖 3-18 左上方的區塊，我們透過內建的 mraa 函式庫，直接用 MT7688AN 晶片控制 GPIO 腳位，可以控制的腳位為 GPIO20、21、43，以及顯示 Wi-Fi 狀態的 LED 燈 GPIO44。

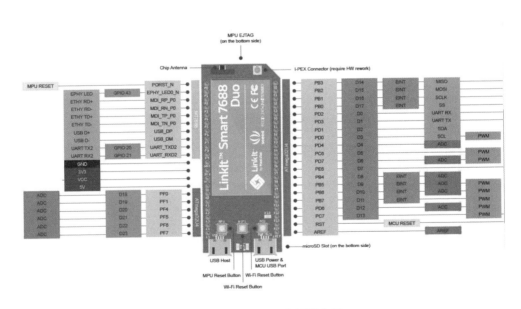

圖 **3-18** 7688 Duo 開發板腳位圖 *

輸入下列指令開始編寫程式。

#nano led.js

接下來讓我們看看這些指令所代表的意思：

var 宣告變數

變數本身不會定義資料型態。（EX：宣告 var m = require('mraa') 時，變數本為匯入 mraa 函式庫的動作，當 var ledState = true 時，本身為 Boolean 資料型態的 true）

var myLed=new m.Gpio(44)

宣告 myLed 變數，指定為使用 mraa 函式庫的 GPIO44 號腳位，GPIO44 是 7688 Duo 的 Wi-Fi 指示燈

myLed.dir(m.DIR_OUT)

設定 GPIO44 號腳位為輸出。

myLed.write(0 or 1)

設定 GPIO44 號腳位為高電位（1）或低電位（0）。

setTimeout（funcition,time）

對指定的函式設定跳出函式的時間，時間的單位為毫秒。

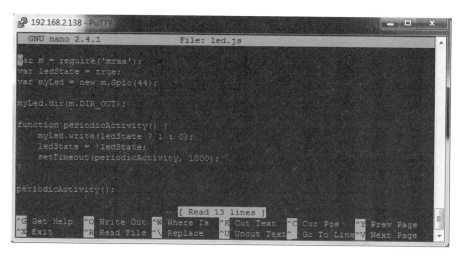

圖 **3-19** led.js 編寫畫面

程式碼 led.js

```
01    var m = require(' mraa ');
02    var ledState = true;
```

```
03      var myLed = new m.Gpio(44);

04

05      myLed.dir(m.DIR_OUT);

06

07      function periodicActivity(){

08          myLed.write(ledStae ? 1 : 0);

09          ledState = !ledState;

10          setTimeout(periodicActivity, 1000);

11      }

12      periodicActivity();
```

3-4 遠端觀看 7688 Duo 影像畫面

前面三節介紹了如何讓 7688 Duo 連接上指定的 Wi-Fi 熱點，並且登入了 OpenWrt 系統對 7688 Duo 進行控制。在這基礎之上，我們進行一個小題目，讓在同一個網段之下的人能透過網頁瀏覽器看到 7688 Duo 回傳的影像畫面。

安裝 Webcam

首先我們將 Webcam 接上 7688 Duo，這裡使用的 Webcam 是羅技 C170，Webcam 一般都是普通的 USB 接頭，要與只有 Micro USB 接頭的 7688 Duo 連線，需要一條 OTG 轉接線。OTG（On The Go）一般是指我們現在常用的 USB 線要與比較傳統的電子設備連接時所使用的系統，比如圖 3-20 是 Micro USB 公頭 USB 母頭的轉接線，您可以利用這條線把隨身碟與智慧型手機連接起來，這樣就可以透過手機存取隨身碟的內容。

7688 Duo 有兩個 Micro USB 接頭，我們仔細看 7688 Duo 板子上有一個印有 HOST USB 的 Micro USB 接頭，請把 Webcam 接到這裡。這個 Micro USB 接頭是直接由 OpenWrt 系統管理，我們可以透過指令開啟 Webcam 的畫面。

圖 3-20 OTG 線　　　　　　**圖 3-21** 7688 Duo 結合 Webcam

　　圖 3-22 的 網 頁（http://www.ideasonboard.org/uvc/#devices） 有 列 出 OpenWrt 系統支援的 Webcam 型號，您也可以購買列表當中的 Webcam 來跟 7688 Duo 連線。

Supported devices

The table below lists known UVC devices. Other UVC compliant video input devices are very likely to be supported. If your UVC device is not listed below, please report it to the Linux UVC development mailing list. You need to subscribe to the list before posting.

Device works　⚠ Device works with issues　☺ Device is untested　☒ Device doesn't work

Device ID	Name	Manufacturer	Status
0402:5606	USB 2.0 Camera (VIT D2010 notebooks)	ALi Corporation	⚠ [12]
0402:9665	1.3M WebCam (Acer Aspire AS7551-7442 notebooks)	ALi Corporation	✔
0408:030c	HP Webcam (HP Pavilion DV6744 and DV6750)	Quanta Computer	✔
0408:2fb1	Laptop Integrated Webcam 2HDM (Dell XPS notebooks)	Quanta Computer	✔
0416:a91a	LogiLink Wireless Webcam	Windbond	✔
041e:4057	Creative Live! Cam Optia	Creative Labs	✔
041e:4058	Creative Live! Cam Optia AF	Creative Labs	✔ [18]
041e:4063	Creative Live! Cam Video IM Pro	Creative Labs	✔ [7]
041e:4065	Creative Live! Cam Optia Pro	Creative Labs	✔
041e:406a	Creative Live! Cam Notebook Ultra	Creative Labs	✔
041e:406b	Creative Live! Cam Chat IM	Creative Labs	✔
041e:406c	Creative Live! Cam Sync	Creative Labs	✔
041e:4071	Creative Live! Cam Vid. IM Ultra	Creative Labs	✔
041e:4080	Creative Live! Cam Socialize HD	Creative Labs	✔
041e:4088	Creative Live! Cam Chat HD	Creative Labs	⚠ [16]
0458:505e	Genius iSlim 330	Genius	✔
0458:7055	Genius iSlim 2020AF	Genius	✔
0458:705d	Genius iSlim 2000AF	Genius	✔✔
0458:706e	Genius eFace 2025	Genius	✔

圖 3-22 OpenWrt 系統相容的 Webcam 型號

　　7688 Duo 接上 Webcam 之後，請透過下列的指令確認 7688 Duo 是否有抓 到 Webcam。

#cd /dev
#ls

cd /dev 指令代表切換到 dev 資料夾，cd 是切換資料夾（Change Directory）的縮寫，如果成功的話，提示字元前會出現 /dev（如圖 3-23 的第二行：root@Shogunlinkit:/dev#）。

ls 指令可以列出資料夾的內容，包含資料夾裡面的檔案名稱以及子資料夾名稱，請查看圖 3-23 右下角是否有 video0 這個名字，有 video0 代表 7688 Duo 有抓到 Webcam。如果把 Webcam 拔掉之後再使用 ls 指令觀看 dev 資料夾，會發現看不到 video0，如果接上了 Webcam 但 dev 資料夾沒有 video0 的名稱，代表 7688 Duo 沒有正確辨識到 Webcam 或者 Webcam 連線沒有接好。

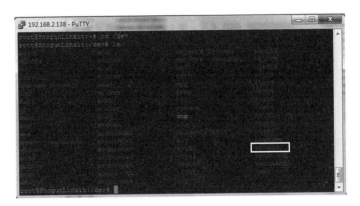

圖 3-23 OpenWrt 系統驅動程式畫面

由於 7688 Duo 內建了影像串流套件 mjpg_streamer，只要輸入下列指令就能開啟 7688 Duo 的影像串流，執行成功的畫面如圖 3-24：

#mjpg_streamer -i "input_uvc.so -d /dev/video0 -r 640x480 -f 25" -o "output_http.so -p 8080 -w /www/webcam"

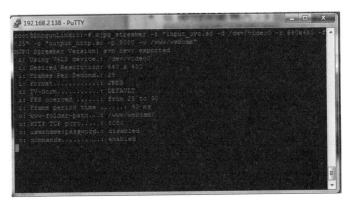

圖 3-24 影像串流指令執行成功畫面

我們從執行成功的畫面可看到影像串流使用的設定：

◎ 裝置的來源（using V4L2 device）：顯示 Webcam 在 7688 Duo 上開啟的路徑、Webcam 的名稱，路徑與名稱：dev/video0。

◎ Webcam 的解析度（Desired Resolution）：影像串流傳輸的像素，如果影像傳輸感覺很緩慢，可以降低像素。EX：320x240。

◎ 每秒的幀數（Frames Per Second）：每一秒鐘更新的影像張數，這裡每一秒鐘更新 25 張圖片。

◎ 影像串流的格式（Format）：影像的圖片格式，這次使用 JPEG 的圖片格式。

◎ HTTP TCP 埠（HTTP TCP port）：設定 7688 Duo TCP 傳輸的通道，在此為 8080。

指令正確執行（如圖 3-24）之後，接著我們就能透過網頁的瀏覽器觀賞 7688 Duo 的影像了。

在 AP Mode 的情況下，我們只要讓手機或電腦先連上 7688 Duo，在網頁瀏覽器上輸入 7688 Duo 的預設 IP：192.168.100.1:8080，就可以看到 7688 Duo 傳回來的影像串流。

在 Station Mode 的情況下，按照 3-2 節的教學，找出 Wi-Fi 分享器配給 7688 Duo 的 IP，讓手機／電腦與 Wi-Fi 分享器都位於同一個網段下，輸入 IP 並加上埠號：8080，也可以在瀏覽器上看到影像串流。

3-5　總結

　　本章節透過 7688 Duo 的圖形化介面、遠端文字命令列，讓 7688 Duo 由 Wi-Fi 分享器模式，切換成連線網際網路的模式。7688 Duo 可以通過網路來更新 Linux 系統相關的套件、控制 7688 Duo 的 GPIO 腳位以及抓取 Webcam 的影像，讓我們的電腦透過網頁看到 7688 Duo 回傳的影像，讓我們離雲端控制更靠近一步。

第四章

MCS 雲端服務

在本章中，LinkIt Smart 7688 Duo 就要透過聯發科自家的 MediaTek Cloud SandBox 來連上雲端了！有許多開發板例如 Arduino Yun、Intel Galileo 這些具備乙太網路接口或是無線網路的板子都可以連接網路。但大家最關心的應該是資料處理方式、呈現方式、控制方法以及跨網段時的使用方法。

當然您也可以找台電腦作為網路伺服器，但如果您希望有一個中央管理網站，除了可以檢視資料及控制開發板的腳位，還可以跨網段讓您在任何地方都可以做到這些事情。這時，將 MCS 作為 LinkIt Smart 7688 Duo 的專屬雲端服務便是一個不錯的選擇。只要 7688 Duo 可以連上網路，您便可以藉由 API 程式存取介面用 Device Id 及 Device Key 來連接到 MCS。在資料呈現與控制上，不同類型的資料（如數值、布林值、GPS 等）都有對應的圖像化顯示器與控制器。MCS 還有幾個其他功能：通知（Notification，當資料符合特定條件時，寄送電子郵件）、使用者權限（User Privilege，設定開發成員的存取修改權限）、版本控制（Firmware Over The Air, FOTA，韌體可經由無線傳輸自動更新）。

本章材料：

名稱	數量
LinkIt Smart 7688 Duo	1
400 麵包板	1
繼電器	1
LED 5mm	1
跳線	數條

4-1　MediaTek Cloud SandBox

什麼是 MediaTek Cloud SandBox？

MediaTek Cloud SandBox（MCS）是聯發科技創意實驗室為 LinkIt 系列開發板所提供的專屬網頁介面雲端平台，具有物聯網裝置最需要的資料儲存及裝置管理服務。MCS 讓您得以很快速地建立雲端應用程式，對於有意將裝置原型快速商品化的讀者來說，是一套相當便利的系統。其他常見的雲端平台還有 Google App Engine、IBM Bluemix、Amazon Web Services 與 Microsoft Azure 等等，其中後三者都會在本書後段以專章介紹。7688 Duo 與 MCS 溝通的方式是藉由 RESTful API 這套輕量化的資料交換格式，它可以讓使用者專注在取得最重要的實體運算資料，不需要處理惱人的網路協定。而在

MCS 所提供的各種資料通道（Data channel）中，您可以輕易為您的物聯網裝置建立一個控制面板，還能夠使用專屬的 Android 手機應用程式來檢視與控制喔。

MCS 操作說明

接下來會依序介紹如何建立網頁應用程式（Web application）、建立資料通道（Data channel），以及透過 REST API 與 7688 Duo 進行溝通。完成後您就可以從網頁或手機應用程式來取得 MCS 服務並控制您的 7688 Duo 啦！

請先到 MCS 網站（https://mcs.mediatek.com）註冊一個帳號，登入後的首頁如圖 4-1。

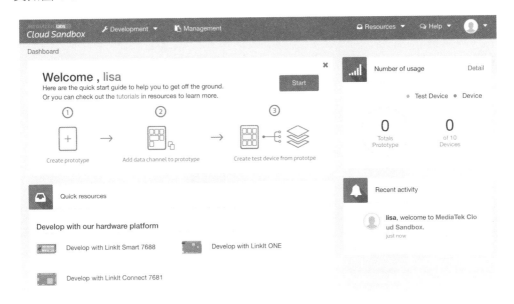

圖 4-1 MCS 主畫面

MCS 專有名詞介紹

在進入專案之前，我們先來介紹一下常見的幾個 MCS 的專有名詞：

◎ 原型（Prototype）：裝置原型，具備各種 Data channel。

◎ 資料通道（Data channel）：帶有時間資訊的資料接口，分成控制器（Controller）與顯示器（Display）兩大類型。

◎ 資料點（Datapoint）：每筆上傳的資料。

◎ 測試裝置（Test Device）：想像為實際執行後的程式。

◎ DeviceId、DeviceKey：用這個來鎖定測試裝置，需要寫在程式碼中。

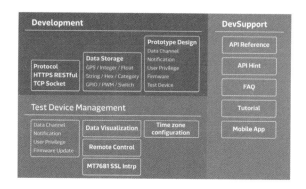

圖 4-2 MCS 雲服務架構
（圖片來源：Github 網站 https://github.com/Mediatek-Cloud/MCS）

MCS 介面

請用您註冊的帳號登入 MCS 網站，登入後主畫面如圖 4-30 您可由畫面右上角個人頭像的 Profile 中切換介面語言（英文、正體中文與簡體中文）。

圖 4-3 MCS 登入後主畫面

MCS 選單功能介紹

◎ Console：主控台

◎ Development： 建 立 Prototype、 新 增 修 改 Data channel、 查 詢 Data channel Id

◎ Test Devices：查詢 DeviceId、DeviceKey

◎ Resources：教學文件、參考資料

◎ Help：常見問題、論壇、回饋

資料通道（Data channel）

　　資料通道分成兩種：用來控制腳位的控制器（Controller）以及接收裝置回傳資料的顯示器介面（Display），在本書撰寫時，網站表示將會新增綜合型控制顯示器，表 4-1 為兩種資料通道所有的介面。

圖 **4-4** Data channel 的三種資料通道

表 4-1 資料通道內容比較

Controller 控制器	Display 顯示器
ON ／ OFF	ON ／ OFF
Category	Category
Integer	Integer
Float	Float
Hex	Hex
String	String
GPS	GPS
GPIO	GPIO
PWM	PWM
Analog	Image Display
GamePad	Video Stream

以下為您一一介紹各類型的資料通道：

◎ On ／ Off（開關）：控制高低電位。LED、繼電器等輸入裝置的電位高低
狀態

圖 4-5 On ／ Off

◎ Category（分類）：讓系統可在 2~5 個狀態之間切換

圖 4-6 Category

◎ Integer ／ Float ／ Hex（整數／浮點數／ 16 進位值）：傳送整數／浮點
數／ 16 進位值給裝置，可以調整單位以及數值的上限和下限

資料型態 *　　　　　　　整數

模板預覽：選擇適合您資料通道的模板。

例如: 100 (整數)

🗑 清除　　　　　　確認

單位 *　　　　　　　選擇單位

下限 *　　　　　　　　　上限 *

圖 4-7 顯示整數

資料型態 *　　　　　　　浮點數

模板預覽：選擇適合您資料通道的模板。

例如: 0.01 (浮點數)

🗑 清除　　　　　　確認

單位 *　　　　　　　選擇單位

下限 *　　　　　　　　　上限 *

圖 4-8 顯示浮點數

資料型態 *　　　　　　　十六進位值

模板預覽：選擇適合您資料通道的模板。

輸入十六進位值，可接受值為
0-9 或是 A-F。

🗑 清除　　　　　　確認

圖 4-9 顯示十六進位值

◎String（字串）：傳送字串給裝置／顯示裝置回傳的字串，7688 Duo 接收到之後可顯示於 Serial monitor 或外接的 OLED 模組。

圖 4-10 顯示字串

◎ GPS：MCS 整合了 Google Map，可以傳送經度、緯度、標高給裝置，也可將裝置的位置顯示於地圖上，做到路徑追蹤的效果。

圖 4-11 顯示裝置的 GPS 座標

◎ GPIO：控制／顯示裝置的 GPIO 腳位高低電位

資料型態 *
GPIO
模板預覽：選擇適合您資料通道的模板。
低
高

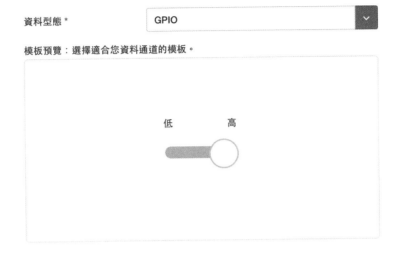

圖 4-12 控制 GPIO 腳位之電位狀態

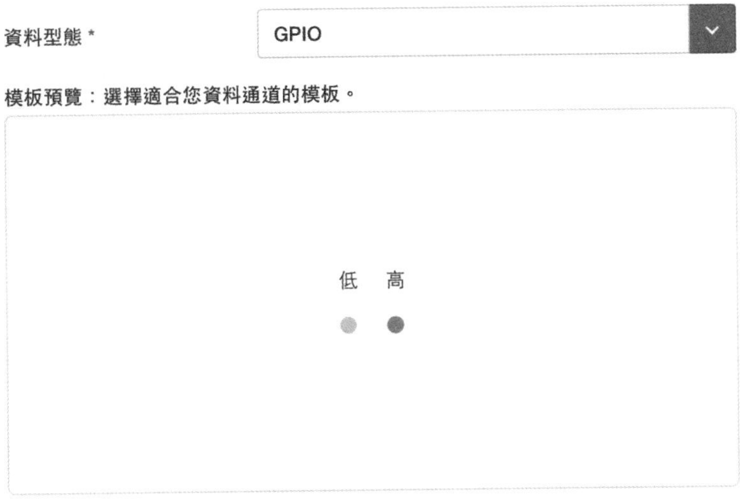
資料型態 *
GPIO
模板預覽：選擇適合您資料通道的模板。
低
高

圖 4-13 顯示 GPIO 腳位之電位狀態

◎ PWM：控制／顯示裝置的 PWM 腳位狀態，可指定數值範圍

資料型態 *　　　　　　　　PWM

模板預覽：選擇適合您資料通道的模板。

值　　　　　　　期間

只接受整數　　　只接受整數　　　　　　　＞

🗑 清除　　　　　　　確認

圖 4-14 控制 PWM 值

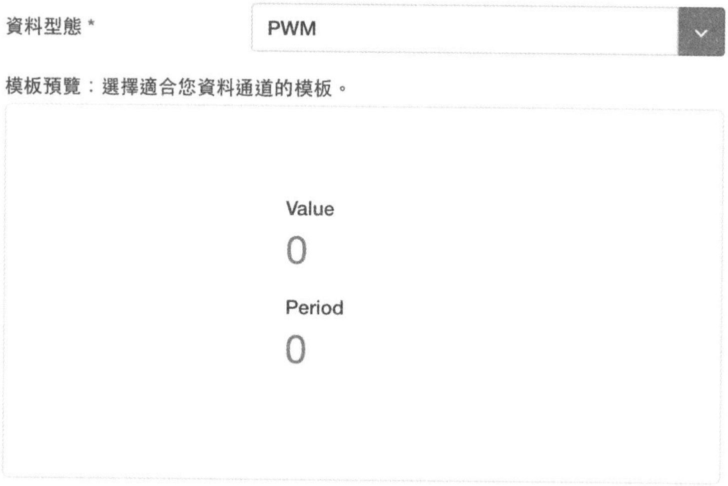

資料型態 *　　　　　　　　PWM

模板預覽：選擇適合您資料通道的模板。

Value

0

Period

0

圖 4-15 顯示 PWM 值

◎ Analog（類比，只有控制器）：以滑桿方式送出指定範圍之內的數值

圖 4-16 控制類比數值

◎ GamePad（遊戲控制器，只有控制器）：可當作遊戲手把使用，共有六
個按鈕。

圖 4-17 遊戲控制器控制頁面

◎ Image Display（圖片，只有顯示器）：顯示圖片，例如 7688 使用 Webcam 拍照後上傳。

圖 4-18 圖片顯示頁面

◎ Video Stream（影像串流，只有顯示器）：顯示影像串流，請參閱本書 6-3 影像直播範例

圖 4-19 影像串流顯示頁面

當您設定完成後，就能將建好的測試裝置透過 Device ID 跟 Device Key（如圖 4-20）與別人分享，也可以自行設定觸發條件，讓 MCS 寄信給您或指定收件人。

您在使用 API 呼叫裝置時，將會需要
deviceId 和 deviceKey 。

DeviceId:　　 DLyRmyWl　　　　 複製

DeviceKey:　　 roeRgZXfAz6IO0mM 　　　 複製

圖 4-20 測試裝置 的 Device ID 跟 Device Key

CAVEDU 說：

您 可 以 到 https://mcs.mediatek.com/resources/latest/tutorial/7688 Duo_
tutorial 學習更多有關於 LinkIt Smart 7688 Duo 的範例程式喔！

4-2 雲端控制繼電器

本範例我們將介紹如何在 MCS 中建立原型（Prototype）、於原型下新增資料通道（Data channel），以及對這個原型建立一個測試裝置（Test device），最後於 7688 Duo 內撰寫一個程式讓您的 7688 Duo 透過測試裝置的 DeviceId 與 DeviceKey 來與 MCS 互動，並做到從 MCS 的開關（On ／ Off） 資料通道來控制 7688 Duo 上的繼電器，這可說是智慧家庭的雛型呢！讓我們跟著以下的步驟來實際操作吧：

在操作之前請先透過 LinkIt Smart 7688 Duo Arduino 相容擴充轉接板，將 Grove 繼電器模組直接接到 D7 連接埠。若是一般市售繼電器，請按照圖 4-21 的電路圖接線，將繼電器的訊號腳位（上面會寫一個 S）接到 7688 Duo 的 D7 也就是 GPIO #0，另外兩個腳位則分別接電（5V）與接地（GND）。

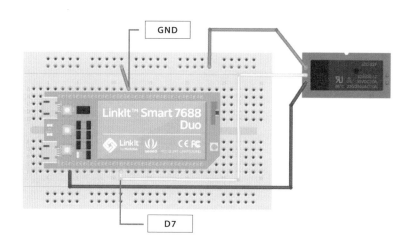

圖 4-21 繼電器電路接線圖

表 4-2 7688 Duo 與繼電器腳位

	7688 Duo	**繼電器**
腳位	D7	S（訊號）
	GND	-
	5V	+

< EX4.1 > MCS_relay

Step 1 ·

首先要建立一個原型（Prototype），產品名稱設定為 MCS_relay（或自訂），硬體平台選擇 LinkIt Smart 7688（MT7688），其他可按喜好選填。建立完原型後，您會看到如圖 4-23 的畫面。

圖 4-22 建立原型

圖 4-23 原型建立完成圖

Step 2

接著是新增資料通道（Data channel），按下「**新增**」後，我們要加入一
個控制器（Controller），如圖 4-25。

圖 4-24 新增資料通道

圖 4-25 新增控制器

Step 3 ·

將資料通道名稱（Data channel name）設定為 **Relay_Control**（或自訂），

資料通道 Id（Data channel Id）設定為 **Relay_Control**（重要！資料通道
Id 將用於程式碼內，您當然可以使用別的名稱，只要這裡的設定跟程式一
致就好），以及資料型態（Data type）設定為開關（ON ／ OFF）。設定
完成後會看到的畫面如圖 4-27。

圖 4-26 設定資料通道內容

圖 4-27 資料通道設定完成

Step 4 ·

建立測試裝置（Test device），一個原型可有多個測試裝置，點選測試裝
置的標籤頁後會看到如圖 4-28 的畫面，選擇「**新增測試裝置**」，將裝置名
稱設定為 **Relay Manager**（或是自訂），成功後會產生畫面如圖 4-29 及圖
4-30，記下 DeviceId 與 DeviceKey，之後要寫到程式中。

實戰物聯網
Linkit Smart 7688 Duo

圖 **4-28** 點選測試裝置標籤頁

創建測試裝置

裝置名稱 *   Relay Manager

裝置描述   輸入裝置敘述

☐ 建立為開發裝置 ❓

取消   創建

圖 **4-29** 設定裝置名稱

成功!

測試裝置已成功產生!
您可以在「我的裝置」頁面看到它的詳細資料

先不用   詳細資訊

圖 **4-30** 成功產生測試裝置

	名稱	DeviceId	DeviceKey	註冊日期	
1	Relay Manager	DOyY6Gvp	cqiHWX5pD400R9n6	2016-07-29 21:46	🗑

圖 **4-31** 產生 DeviceId 以及 DeviceKey

`Step 5 ·`

回到產品原型列表（Prototype List）頁面中，圖 4-32 中代表 MCS_relay
這個原型中有一個測試裝置。

MCS_relay

版本:1.0
狀態: Under Development

1
測試裝置

0
裝置

詳情

圖 4-32 查看原型有幾個測試裝置

Step 6 ·

在開發＞測試裝置（Development ／ Test Devices）下，找出您剛剛建立的測試裝置名稱 Relay Manager 的 DeviceId 與 DeviceKey 這兩筆資料，要填在所有要與 MCS 溝通的程式中，資料通道 Id：Relay_Control 也不能錯喔！

圖 4-33 找出建立的測試裝置的 DeviceId 與 DeviceKey

Step 7 ·

接下來就是寫一個程式來跟 MCS 溝通。7688 Duo 支援 Node.js 跟 Python，您可以選擇您喜歡的程式語言來編寫程式。以下要教您使用 Node.js 作為溝通的橋樑。利用前面章節教過的方法在 Terminal（Mac）或是 Putty（Windows）中執行遠端連線到您的 7688 Duo。

首次建立連接 MCS 的程式請先按順序執行以下步驟，若已完成以下步驟則可略過，直接至 root 底下的 app 資料夾中建立新程式檔：

接下來的步驟將在 7688 Duo 端建置開發環境，並編寫一個 Node.js 程式與您建好的 MCS 測試裝置互動，藉此控制接在 7688 Duo 的 D7（GPIO0）腳位上的繼電器：

1. 請用以下指令建立一個名為 app 的資料夾
   $mkdir app
2. 切換到此資料夾中
   $cd app
3. 初始化 npm 套件管理器，請依照提示輸入相關訊息，也可直接按 Enter 完成所有步驟。完成之後會在同一資料夾下產生一個 package.json 檔，裡面有方才所輸入的資訊：
   $npm init
4. 安裝 mcsjs 函式庫，這個步驟需要一些時間，請耐心等候，完成之後會在 app 資料夾看到一個名為 node_modules 的資料夾，裡面有本程式所需的函式庫：
   $npm install mcsjs
5. 編寫程式，請用 nano 或 vim 新增一個 app.js 檔案，並貼上以下程式碼。請記得將粗體紅字部分換成您個人的 DeviceId，DeviceKey 以及資料通道 Id（08、09、12 行）。
   $nano app.js

＜ EX4-1 ＞程式碼 app.js

```
01     var mcs = require('mcsjs');
02     var m = require('mraa');
03     var myRelay = new m.Gpio(0);
04
```

```
05      myRelay.dir(m.DIR_OUT); // 設定腳位模式為輸出
06
07      var myApp = mcs.register({
08          DeviceId:  ' 您的 DeviceId ',
09          deviceKey: ' 您的 DeviceIKey',
10      }(;
11
12      myApp.on(' Relay_Control', function(data, time){
13       if(Number(data）=== 1){
14          console.log('blink');
15          myRelay.write(0);
16       } else {
17          console.log('off');
18          myRelay.write(1);
19       }
20      });
```

Step 8 ·

程式寫好之後，讓我們來執行看看，按下 Ctrl + O > Enter 存檔，再按下
Ctrl + X 跳出程式撰寫畫面。在 Terminal 中輸入 node app.js 來執行您剛剛
寫好的程式。現在回到 MCS 的頁面透過您前面建立的原型來操控繼電器吧！

圖 **4-34** 打開繼電器

實戰物聯網
Linkit Smart 7688 Duo

Relay_Control
最後資料點時間: 2016-07-29 22:16

圖 4-35 關閉繼電器

4-3　PWM 控制

　　本範例將介紹如何使用 MCS 的 PWM 資料通道來控制 7688 Duo 上的 LED 明暗度，增加 LED 變化的多樣性。PWM（Pulse Width Modulation）為脈衝寬度調變，是一種使用數位訊號（On ／ Off）透過開與關在一個週期中的時間長度比例來模擬類比訊號的方法，開關交替的週期短到肉眼無法感覺，造成我們以為燈的明暗有層次的變化。

　　舉例來說，LED 的 PWM 範圍為 0 ～ 255。如果該 LED 的明暗變化為線性，0 代表全暗，255 代表最亮。當我們設定 PWM 的值為 127 時，LED 亮度就只有最亮時的一半；當 PWM 的值為 63 時，LED 亮度就只有最亮時的 25%。接著讓我們按照下列的步驟進行操作，一起來完成這個 PWM 的專案吧：

< EX4-2 > MCS_LED_PWM

Step 1・

　　先建立原型（Prototype），產品名稱設定為 **MCS_ LED_PWM**（或自訂），硬體平台選擇 LinkIt Smart 7688（MT7688），其他可按喜好選填。建立完原型後您會看到如圖 4-36 的畫面。

產品原型名稱 *	MCS_LED_PWM
產品原型版本 *	1.0
硬體平台 *	LinkIt Smart 7688 (MT7688)
描述	輸入產品原型描述
產業 *	教育
應用程式 *	其他

圖 4-36 建立原型

MCS_LED_PWM

版本: 1.0
狀態: Under Development

0　　　　0
測試裝置　　裝置

詳情

圖 4-37 原型建立完成

Step 2·

接著是新增資料通道（Data channel），按下「**新增**」後，我們同樣要新增一個控制器（Controller），如圖 4-38。

圖 **4-38** 新增控制器

Step 3·

　將資料通道名稱（Data channel name）設定為 **Analog_Control**（或自訂），資料通道 Id（Data channel Id）設定為 **Analog_Control**，以及資料型態（Data type）設定為類比（**Analog**）。按照 LED 燈可接受的數值範圍，我們將下限設為 **0**，上限設為 **255**，設定完成後的畫面如圖 4-40。

圖 **4-39** 設定資料通道型態為「類比」

圖 **4-40** 資料通道設定完成

Step 4 ·

建立測試裝置（Test device），在這裏我們選擇另一個路徑來建立測試裝置：開發 > 產品原型 > MCS_LED_PWM，點選右上角的「**創建測試裝置**」。將裝置名稱設定為 **LED Manager**（或是自訂），成功後記下頁面右上角（如圖 4-43）的 DeviceId 與 DeviceKey。

圖 **4-41** 點選創建測試裝置

圖 **4-42** 設定裝置名稱

您在使用 API 呼叫裝置時，將會需要 deviceId
和 deviceKey。

DeviceId:　　　DjfxjWHW　　　　複製

DeviceKey:　　q4M5PUHIUTq1yzOZ　　複製

圖 4-43 記下 DeviceId 以及 DeviceKey

Step 5·

接下來是撰寫程式跟 MCS 溝通。如果您尚未做過 < EX4-1 >，請按照
< EX4-1 > 中的 Step 7 在 7688 Duo 中安裝必要的檔案。以下要教您使
用 Node.js 作為溝通的橋樑。利用前面教過的方法遠端連線至您的 7688
Duo，並輸入 nano app2.js。輸入以下的程式，記得將粗體紅字部分換成
您專屬的 DeviceId，DeviceKey 以及資料通道 Id。

請注意，本範例中將 LED 腳位接到 D13，接線圖請參閱本書第二章 <
EX2-1 > 裡的圖 2-16，請注意 7688 Duo 的 D13 有支援 PWM，但常用
Arduino UNO 的 D13 則不支援 PWM。app2.js 程式碼如下：

< EX4-2 > app2.js 程式碼

```
01    var ledPin = 13;
02    var firmata = require('firmata');
03    var mcs = require('mcsjs');
04    var board = new firmata.Board("/dev/ttyS0", function(err) {
05    if (err) {
06     console.log(err);
07     board.reset();
08     return;
09    }
10    console.log('connected...');
11    console.log('board.firmware: ', board.firmware);
12    board.pinMode(ledPin, board.MODES.OUTPUT);
13
```

```
14    var myApp = mcs.register({
15     DeviceId: ' 您的 DeviceId',
16     deviceKey: ' 您的 DeviceKey',
17     host: 'api.mediatek.com'
18
19    });
20    myApp.on('Analog-Control', function(data, time) {
21     if(Number(data) != NaN) {
22       board.analogWrite(ledPin, Number(data));
23     } else {
24       board.analogWrite(ledPin, Number(data));
25     }
26    });
27    });
```

Step 6 ·

程式寫好之後，請按下 Ctrl+O ＞ Enter 存檔，再按 Ctrl+X 跳出程式撰寫畫面。輸入 node app2.js 來執行剛剛寫好的程式。現在回到 MCS 的頁面透過您前面建立的測試裝置來操控 LED 吧！圖 4-44 中將 LED 的亮度調整為 124。

圖 4-44 調整 LED 亮度

4-4 總結

　　在本章中您已學會了如何建立自己的原型，在原型內建立資料通道及新增測試裝置，並撰寫 Node.js 程式讓 7688 Duo 跟 MCS 溝通。除了本章的開關以及類比訊號（PWM）二個範例之外，還有許多不同的資料通道類型等著您挑戰，如果您有興趣，可以參考 MCS 的官網教學或是下面的延伸挑戰，說不定還能發現 7688 Duo 其他的可能性呢！

4-5 延伸挑戰

1. 請修改＜ EX4-1 ＞，透過 MCS 控制連接 7688 Duo 的兩顆 LED 燈的明暗。

2. 請修改＜ EX4-2 ＞，讓連接於 7688 Duo 的伺服機可以轉動到您所建立的類比資料通道所指定的位置。

第五章

雲端控制機械手臂

　　本章將帶您一探機械手臂的世界，並介紹基本的伺服機控制及原理。您可以自行設計各種以小型伺服機為核心的機械手臂，或者是參考網路上許多開源專案來製作。

　　本範例使用的是一款開源機械手臂 MeArm，可參考網站 shop.mime.co.uk/ 或是 www.cavedu.com/robotarm/，程式語言則使用的是 Python 搭配 Arduino IDE。由 Python 來負責 MCS 與 7688 Duo 的溝通，Arduino IDE 則用來控制帶動機械手臂的四顆伺服機。

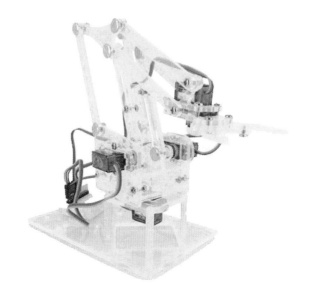

圖 5-1 機械手臂 MeArm

　　請注意！本書主要是使用 7688 Duo 板，7688 Duo 跟 7688 的主要差別在於硬體腳位，7688 Duo 是透過 Arduino 的 ATmega32U4 來控制，而 7688 則是必須走 GPIO 腳位來控制，以下如果沒有特別聲明，皆是以 7688 Duo 為例。

　　本章材料：

名稱	數量
LinkIt Smart 7688 Duo	1
MeArm	1

5-1 7688 Duo 控制伺服機

以市面上常見的直流馬達而言其作動原理，是透過在金屬線圈中通過電流產生磁場，並與外圈的永久磁鐵產生力的作用而旋轉。但是一般馬達只能控制轉動方向及轉速，如果想要讓機械手臂能如人類手臂一樣能夠做出特定姿勢的話，就必須精確控制每顆馬達所轉的角度，這時就要用到具備編碼器與控制迴路的伺服機。

什麼是伺服機？

一般來說伺服機會有三條線，分別有電源線、地線及訊號線，控制上通常會用 PWM 訊號來控制馬達轉動的角度。 在第四章已經有介紹過 PWM 這個名詞，在本章則會進一步談到占空比（duty cycle）。所謂的占空比就是指在一段電子訊號中脈衝持續時間與方波週期的比值。而在伺服機控制上，我們就可以將不同的占空比對應到馬達不同的角度。 例如：輸入 1.5 微秒的脈波給伺服機，它就會轉到中間的位置，並固定在那邊。那麼在 Arduino 上要如何才能做到輸出 PWM 訊號去控制伺服機呢？這時需要使用 Arduino IDE 裡一個專門控制 Servo 的函式庫，其輸出 PWM 訊號的方法就是透過控制 Arduino 控制晶片裡的計時器（timer）來調整數位訊號輸出的工作時間（duty time）。

7688 Duo 控制伺服機

< EX5-1 > 控制伺服機

接著來實際測試看看，請先依照圖示完成機械手臂夾爪的伺服機電路，將伺服機的訊號線接到 7688 Duo 板子上的 D3 腳位，馬達上紅色的電源線接到 7688 Duo 控制板上的 5V，棕色線則接到 GND（接地）。電路完成後請開啟 Arduino IDE，並下載本範例程式到 7688 Duo 上執行。

圖 5-2 常見的小型伺服機
TowerPro MG90

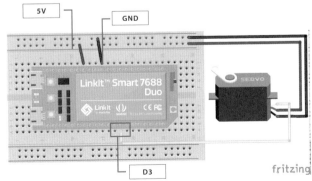

圖 5-3 7688 Duo 控制單一伺服機

表 5-1　7688 Duo 與伺服機腳位

	7688 Duo	伺服機
腳位	D3	黃線
	5V	紅線
	GND	棕線

< **EX5-1** > **7688 Duo_pwm_test.ino** 程式碼

```
01      include <Servo.h>
02      Servo s;
03      void setup()
04      {
05          s.attach(3);
06      }
07
```

01 行匯入 Servo 函式庫，並在第 05 行宣告控制伺服馬達的腳位為 3 號。

```
08      void loop()
09      {
10          for(i = 30; i <= 150; i++)
11          {
12              s.write(i);
13              delay(20);
14          }
15          for(i = 150; i >= 30; i--)
16          {
17              s.write(i);
18              delay(20);
19          }
20      }
```

10 ～ 14 行中的 for 迴圈會將 i 值每隔 20 毫秒遞加 1，從 30 一直加到 150 後便跳出迴圈，15 ～ 19 行的 for 迴圈也是在做類似的事情，不同的是它會將 i 值從 150 遞減到 30，而這些 i 值其實就是馬達的角度，我們使用 s.write(i) 來將指定的角度寫到伺服馬達中。

上傳程式後是否能看到機械手臂的夾爪不斷地開合呢？您或許會發現，如果想要讓夾爪開合的速度快一些或慢一些，其實只要增加或減少上面範例程式碼中的 delay 時間即可，另外如果您發現夾爪張開時不夠開或者是無法夾緊的情況，請修改範例程式碼中的開合角度吧（預設 30 ～ 150 度）！

5-2 MCS 控制夾爪

< EX5-2 > MCS 控制夾爪

　　本範例將實做 MCS 雲端控制夾爪，整個控制系統的概念其實很直觀，首先在 MCS 雲端網站上增設一個資料通道，並設定為開關，當我們在網站上撥動開關時，就會透過網路傳送開關狀態給 7688 Duo，而 7688 Duo 則在接受到訊號後，做出相對應的馬達動作，以下將帶您一步一步完成設定：

STEP 1 ·

請登入 MediaTek Cloud Sandbox（https://mcs.mediatek.com/），建立一個名為「雲端控制機械手臂」（或其他霸氣一點的名字）的原型；硬體平台請選擇 LinkIt Smart 7688 (MT7688)，版本號碼任意填入即可，在此我們用 1.0，其餘非必須欄位則可留空不填。關於 MCS 的詳細說明，您可以回顧第四章的內容。

圖 5-4　建立產品原型

STEP2 ·

原型建立完成之後，接著要建立資料通道。在此要建立一個名為「gripper」的 On ／ Off 資料通道，我們要用它來控制機械手臂前端夾爪的開合，如圖 5-5。再提醒一次，資料通道名稱是給雲端網站代表資料通道用的，而資料通道 Id 是給機器辨識用的，所以只能用英文。如果您覺得容易混淆的話，兩者都使用同一段英文也可以。

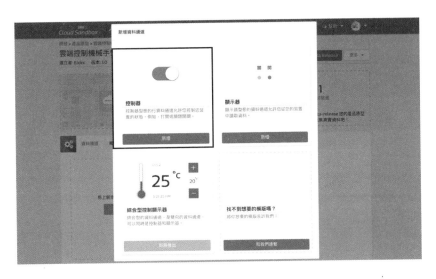

圖 5-5 建立資料通道

STEP 3 ·

資料通道建立完成後，請在原型頁面右上角點選「**創建測試裝置**」來新增
測試裝置，在此取名為 7688 Duo。建立完成如圖 5-7。

圖 5-6 建立測試裝置

圖 **5-7** 建立測試裝置完成

CAVEDU 說：

DeviceId 跟 DeviceKey 非常重要，它們扮演的角色就是 7688 Duo 要跟
MCS 雲端溝通的通行證，這是一種物聯網常見的認證方式，未來您或許會
有許多的裝置連上 MCS，所以在此的 Id 跟 Key 代表了每一個裝置的身份。
不過有一點需要澄清一下，這裡的裝置是虛擬的，任何裝置或程式只要有
這個 Id 與 Key 就能與您的 MCS 測試裝置來互動。

STEP4 ·

請打開 Arduino IDE 並將以下程式碼下載到 7688 Duo 中，這是控制手臂夾
爪的程式。

＜ EX5-2-1 ＞控制手臂夾爪程式碼 mcs_gripper.ino

```
01    #include <Servo.h>
02    Servo s;
03
04    void setup()
05    {
```

```
06            Serial1.begin(57600);
07            s.attach(3);
08        }
09
10        void loop()
11        {
12            if(Serial1.available())
13            {
14                int command = Serial1.read();
15                if(command == 'o')
16                    s.write(150);
17                else if(command == 'c')
18                    s.write(30);
19            }
20        }
```

06 行初始化 Serial 並且設定鮑率為 57600，12 ～ 19 行是一個 if 判斷式，
當 Serial 有訊號進來時就會進入大括弧內的程式，在 14 行將 Serial 的訊號存到
command 變數中，並且判斷如果是字元 o（open），就讓伺服馬達轉到150度（夾
爪張開），如果是字元 c（close），則讓伺服馬達轉到 30 度（夾爪闔起）。

STEP 5

接下來請登入 7688 Duo（使用 SSH 連線程式或者是使用 USB/TLL 轉接線直
接連到 7688 Duo），並在 console 裡輸入 **pip install requests**，讓 7688
Duo 透過 pip 指令從網路上下載這個 Python 網路通訊套件。

```
root@mylinkit:~# pip install requests
Downloading/unpacking requests
  Downloading requests-2.9.1-py2.py3-none-any.whl (501kB): 501kB downloaded
Installing collected packages: requests
Successfully installed requests
Cleaning up...
root@mylinkit:~#
```

圖 5-8 下載 requests 函式庫

安裝完套件後，請執行以下手臂夾爪測試程式碼：

```
$python mcs_gripper.py
```

<EX5-2-2> MCS 手臂夾爪測試程式碼 mcs_gripper.py

```
01    import requests
02    import serial
03
04    s = serial.Serial("/dev/ttyS0", 57600)
05
06    device_id = " 請填入您的 ID"
07    device_key = " 請填入您的 KEY"
08    data_channel = "gripper"
```

01 ～ 02 行分別匯入 requests、serial 函式庫，04 行建立 Arduino ATmega32U4 與 MT7688 DuoAN 之間的連線，06 ～ 07 行填入之前在圖 5-7 取得的測試裝置 ID 和 KEY，08 行則是資料通道 Id。

```
09
10    url = "http://api.mediatek.com/mcs/v2/devices/" + device_id
11    url += "/datachannels/" + data_channel + "/datapoints.csv"
```

10 ～ 11 行會設定 url（位址）為 MCS 上的 API，指定的資料通道（Data channel）名稱就是資料通道 Id ：gripper。

```
12
13    while True:
14        r = requests.get(url, headers = {"deviceKey" : device_key})
15
16        print r.content
17        data = r.content.split(",")[2]
18        if data == "1":
19            s.write("o")
20        else if data == "0
21            s.write("c")
```

14 行的 request.get 函式會送出一個 get 的請求到 url，並在 16 行中顯示回傳的內容。18 ～ 21 行會判斷回傳 MCS 上的開關狀態來寫入不同的訊號給 Serial，藉此傳到 7688 Duo 上的 Arduino（ATmega 32U4）晶片來控制伺服機。

完成後，請在 MCS 的測試裝置頁面左上角裝置名稱處看看是否亮起了綠燈，代表裝置已順利連上 MCS。接著點選頁面上的 gripper 資料通道，看看機械手臂上的夾爪是否可順利開合。

本範例使用單一 On ／ Off 資料通道來控制機器手臂夾爪開關， 接下來我們將改用 Gamepad 遊戲手把資料通道來控制機械手臂的旋轉與伸縮。

5-3 MCS 手臂控制

本節將繼續使用同一個開發原型，但需要新增另外一個資料通道，因為機械手臂一共有三顆馬達，為了方便控制，在此選用 Gamepad 控制器。操作起來就像一般的遊戲手把一樣，一共有六個按鍵可以控制，分別用來控制機械手臂上除了夾爪以外的馬達，分別是升降、伸縮以及底座共三顆伺服機。當然啦，您要再新增三個 On ／ Off 通道也能達到一樣的效果。

<EX5-3> MCS 手臂控制

新增 Gamepad 資料通道

請在雲端控制機械手臂原型下新增一個名為 **gamepad** 的 Gamepad 遊戲手把資料通道。並在欄位中填入以下內容，如圖 5-9：

◎ Up：up
◎ Down：down
◎ Left：left
◎ Right：right
◎ Button A：A
◎ Button B：B

圖 5-9 Gamepad 遊戲手把資料通道

　　建議您先按照上圖來設定，因為這些按鍵所對應到的名稱後續就會用到。您當然可以按照自己喜歡的方式去設定，但請記得程式中也要修改對應內容才行。建立完成後的原型頁面如圖 5-10。

圖 5-10 建立 GamePad 資料通道完成

MCS 手臂控制測試

接著試試看 7688 Duo 能否正確取得 Gamepad 傳來的內容。請登入 7688 Duo 之後，輸入以下指令來執行 Python 程式。

```
$python mcs_test.py
```

<EX5-3> 程式碼 mcs_test.py

```
01    import requests
02
03    device_id = " 請填入您的 ID"
04    device_key = " 請填入您的 KEY"
05
06    url = "http://api.mediatek.com/mcs/v2/devices/" + device_id
07    url = "/datachannels/" + data_channel + "/datapoints.csv"
08
09    def game_pad():
10        r = requests.get(url, headers = {"deviceKey" : device_key})
11
12        data = r.content.split(',')[2:]
13        print data
14        return (data[0][0], data[0][-1])
15
16    while True:
17        command = game_pad()
18        print command
19
20        if command[1] == "1":
21            if command[0] == "l":
22                print "press left"
23            elif command[0] == "r":
24                print "press right"
25            elif command[0] == "u":
26                print "press up"
27            elif command[0] == "d":
28                print "press down"
29            elif command[0] == "A":
```

```
30              print "press A"
31          elif command[0] == "B"
32              print "press B"
```

09 ～ 14 行定義一個 game_pad 的函式來對 MCS 上的 API 發出請求,並解讀回傳的指令。16 ～ 32 行中的 while 迴圈對收到的指令進行判斷,並顯示對應的訊息。

執行 Python 程式之後,請點選 MCS 遊戲手把的各個按鈕,是否有看到程式根據您按下的 Gamepad 按鈕顯示正確訊息?如果沒有任何訊息或是對應錯誤,請檢查一下是否有打錯程式碼或者 MCS 任何設定錯了,通常是您設定的 DeviceId 或者是 DeviceKey 有設定錯誤,也有可能是您的 Gamepad 資料通道設定有問題了。

5-4 7688 Duo 機械手臂程式設計

根據前兩節,我們已經可以透過 MCS 的 On / Off 控制器來控制機械手臂的夾爪開合;也能順利讀取到來自 MCS GamePad 控制器的所有按鈕訊號,接下來我們就只要把 7688 Duo 的機械手臂控制程式,也就是 Arduino 草稿碼搞定就大功告成囉!

<EX5-4> 機械手臂程式設計

機械手臂接線

機械手臂的電路,請按照< EX5-1 >接上手臂夾爪的方式,將其他三顆伺服機的電源線共接,地線共地,並把訊號線按照下面 Arduino 程式中的設定接到相對應的腳位。請參考以下示意圖:

◎ 底座:9 號腳位
◎ 手臂前後移動:6 號腳位
◎ 手臂上下移動:5 號腳位
◎ 夾爪開合:3 號腳位

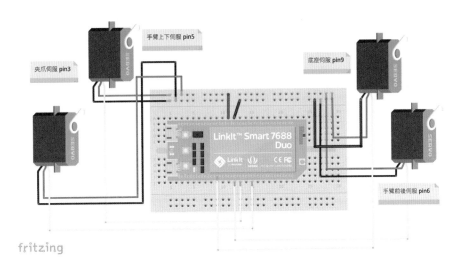

圖 **5-11** 機械手臂連線示意圖

　　您可以不使用範例程式中的腳位，但如果要替換其他腳位，請記得在 Arduino 的程式端改寫您對應的腳位編號，所以如果到時候您發現程式碼有正常運作，且電源線與地線都已經接上，卻無法從雲端上的控制器上控制機械手臂的動作，那就有可能是手臂的控制訊號腳位接錯囉！

　　開始看到程式碼，首先請開啟您的 Arduino IDE 並下載以下的程式碼到 7688 Duo 中，請注意！下面程式碼當中的各個伺服機的角度會因為不同的機械手臂而有所不同，請您針對您的機械手臂進行微調，基本上只要不會讓伺服機卡死或發出噪聲即可，若您發現伺服機在操作的過程中有嚴重發熱的情況，請馬上移除馬達電源並檢查是哪裡有問題，如果放任伺服機一直卡死的話，可能會燒壞馬達的控制晶片。

<EX5-4-1> 程式碼 mearm.ino

```
01      #include <Servo.h>
02
03      Servo servo_gripper;
04      Servo servo_base;
05      Servo servo_updown;
06      Servo servo_frontback;
07
08      int degree_base       = 180;
09      int degree_updown     = 90;
```

```
10      int degree_frontback  = 90;
11
12   void setup()
13   {
14       Serial.begin(115200);
15       Serial1.begin(57600);
16
17       servo_gripper.attach(3);
18       servo_updown.attach(5);
19       servo_frontback.attach(6);
20       servo_base.attach(9);
21   }
22
23   void loop()
24   {
25       if(Serial1.available())
26       {
27           int command = Serial1.read();
28           if(command == 'o')
29           {
30               Serial.println("gripper open");
31               servo_gripper.write(160);
32           }
33           else if(command == 'c')
34           {
35               Serial.println("gripper closed");
36               servo_gripper.write(30);
37           }
38           else if(command == 'u')
39           {
40           degree_updown = (++degree_updown > 180) ? 180 : degree_updown;
41               Serial.print("degree_updown");
42               Serial.println(degree_updown);
43               servo_updown.write(degree_updown);
44           }
45           else if(command == 'd')
46           {
47               degree_updown = (--degree_updown < 0) ? 0 : degree_updown;
```

```
48              Serial.print("degree_updown");
49              Serial.println(degree_updown);
50              servo_updown.write(degree_updown);
51          }
52          else if(command == 'a')
53          {
54              degree_frontback = (++degree_frontback > 180) ? 180 :
    degree_frontback;
55              Serial.print("degree_frontback: ");
56              Serial.println(degree_frontback);
57              servo_frontback.write(degree_frontback);
58          }
59          else if(command == 'b')
60          {
61               degree_frontback = (--degree_frontback < 0) ? 0 : degree_
    frontback;
62              Serial.print("degree_frontback: ");
63              Serial.println(degree_frontback);
64              servo_frontback.write(degree_frontback);
65          }
66          else if(command == 'l')
67          {
68              degree_base = (++degree_base > 180) ? 180 : degree_base;
69              Serial.print("degree_base: ");
70              Serial.println(degree_base);
71              servo_base.write(degree_base);
72          }
73          else if(command == 'r')
74          {
75              degree_base = (--degree_base < 0) ? 0 : degree_base;
76              Serial.print("degree_base: ");
77              Serial.println(degree_base);
78              servo_base.write(degree_base);
79          }
80      }
81  }
```

03 ～ 06 行定義不同的 servo 名稱以免混淆，分別是夾爪、底板、控制上下的馬達、控制前後的馬達，08 ～ 10 行則設定初始角度，請依照您的機械手臂做微調。14 行建立 7688 Duo 的 ATmega32U4 與電腦端 Serial monitor 的 USB 序列通訊，15 行則是 ATmega 32U4 與 7688 MPU 的序列通訊。

　　17 ～ 20 行將指定四個伺服馬達所連接的 7688 Duo 腳位。23 ～ 81 行會對不同指令來決定伺服馬達的轉動角度，並以此來控制機械手臂的動作，28 ～ 32 行如果是 o 的話，就打開夾爪；33 ～ 37 行如果是 c，合起夾爪；38 ～ 44 行如果是 u，上升手臂；45 ～ 51 行如果是 d，下降手臂；52 ～ 58 行如果是 a，前伸手臂；59 ～ 65 行如果是 b，後縮手臂；66 ～ 72 行如果是 l，左轉平台；73 ～ 79 行如果是 r，右轉平台，此外還會將訊息顯示於 console 透過 Serial 印出。

　　接下來請在 7688 Duo 執行以下的程式碼，以完成 7688 Duo 在 MCS 與 Arduino 間的溝通。

```
$python mearm.py
```

<EX5-4-2> 程式碼 mearm.py

```
01     import requests
02     import serial
03
04     s = serial.Serial("/dev/ttyS0", 57600)
05
06     device_id = " 請填入您的 ID"
07     device_key = " 請填入您的 KEY"
08     data_channel = "gamepad"
09     data_channel2 = "gripper"
10
11     url = "http://api.mediatek.com/mcs/v2/devices/" + device_id
12     url += "/datachannels/" + data_channel + "/datapoints.csv"
13
14     url2 = "http://api.mediatek.com/mcs/v2/devices/" + device_id
15     url2 += "/datachannels/" + data_channel2 + "/datapoints.csv"
16
17
18     def game_pad():
19         r = requests.get(url, headers = {"deviceKey" : device_key})
20         data = r.content.split(',')[2:]
21         return (data[0][0], data[0][-1])
```

```
22
23      def gripper():
24          r = requests.get(url2, headers = {"deviceKey" : device_key})
25          return r.content[-1]
26
27      while True:
28          command = game_pad()
29          command2 = gripper()
30          if command[1] == "1":
31              if command[0] == "l":
32                  print "press left"
33                  s.write("l")
34              elif command[0] == "r":
35                  print "press right"
36                  s.write("r")
37              elif command[0] == "u":
38                  print "press up"
39                  s.write("u")
40              elif command[0] == "d":
41                  print "press down"
42                  s.write("d")
43              elif command[0] == "A":
44                  print "press A"
45                  s.write("a")
46              elif command[0] == "B":
47                  print "press B"
48                  s.write("b")
49          if command2 == "1":
50              print "closed"
51              s.write("c")
52          elif command2 == "0":
53              print "open"
54              s.write("o")
```

　　04 行建立 MCU（ATmega32U4）與 MPU（MT7688 DuoAN）之間的連結，
06 ～ 07 行請填上您在 MCS 上取得的 ID 跟 KEY，11 ～ 15 行設定 url（位址）為
MCS 的 API，並設定指定的資料通道，18 ～ 21 行的定義函式 game_pad，用來
接受 MCS gamepad 資料通道的訊號，23 ～ 25 行的定義函式 gripper，用來接收

MCS gripper 資料通道的訊號，27 ～ 54 行的 while 迴圈會判斷接收到的訊號，並透過 Serial 發送相對應的指令給 Arduino 端。

到這邊就大功告成囉，接下來就請試著從雲端上操控機械手臂，是否能順利從雲端上控制機械手臂的動作呢？ 如果您還玩不過癮，想從智慧型手機上來操控， 也可以試著從 Google Play 下載官方的雲端應用程式，就能直接從 Android 手機上來控制機器手臂喔！

5-5 總結

本章屬於一個整合性的專題，利用 MCS 來控制當前相當熱門的桌上型機械手臂，很適合應用在教學上。

5-6 延伸挑戰

常見的自主性機械手臂能搭配使用者已經設定好的動作軌跡來執行特定的動作，例如：取回物品之後夾到定點再放下。

1. 請試著在 MCS 雲端平台上新增一個按鈕通道，讓機械手臂在夾到物件後，按下按鈕，夾爪就會自動移動到定點並完成放下物件的動作。

2. 請在 < EX5-4-2 > mearm.py 新增對應的通道，並在 < EX5-4-1 > mearm. ino 中新增一個新的對應動作夾完物件並放回到定點的軌跡（提示：只要分別設計好機械手臂上的四顆馬達在哪一個時間會跑到哪一個角度就是一個手臂控制的軌跡囉）。

第六章

MCS 的 I/O 控制
與影像串流功能

　　本章將會介紹如何透過 MCS 來控制 7688 Duo 雙輪機器人。與第四章的繼電器範例相比，雖然都是控制數位腳位的高／低電位狀態，但第四章是用 Node.js，本章則是分成 Arduino IDE + Node.js 與 Arduino IDE + Python 兩種版本，到了下一章還會改用 Python 來編寫 7688 Duo 端的程式。您可以比較三種不同的程式環境的差異，選一個自己擅用的吧。

事前準備：

　　＊註冊 MCS 帳號

　　＊安裝 Python 函式庫 -requests

本章材料：

名稱	數量
LinkIt Smart 7688 Duo	1
L293D 直流馬達控制晶片	1
LED	1
220 歐姆電阻	1
雙馬達車體	1
麵包板	1
跳線	1
Logitech C170	1

6-1 MCS 搭配 Arduino IDE 控制 LED

讓我們從最簡單的控制 LED 開始做起吧！先將 220 歐姆電阻一邊接上 13 號腳位，另一邊連接 LED 正極；將 LED 的負極連接到 7688 Duo 的 GND 上，如圖 6-1。

＜ EX6-1 ＞ MCS 控制 LED

電路圖

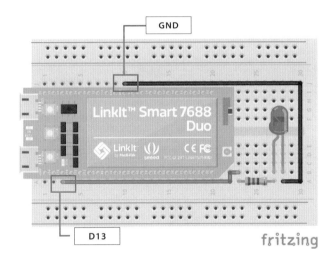

圖 6-1 LED 接線圖

表 6-1 7688 Duo 與 LED 腳位對應

	7688 Duo	LED
腳位	13	+
	GND	-

MCS 設定

STEP1．

登入 MCS 之後，請建立一個新的原型，詳細作法請回顧第四章。原型建立好之後，請建立一個控制器，資料通道名稱：**控制 LED**，資料通道 ID：**LED_Control**，資料類型：On ／ Off。

圖 **6-2** 新增控制器

圖 **6-3** 資料通道新增完成

STEP2．

原型設定完畢後，請為這個原型建立測試裝置，名稱叫 7688 或者可以依照個人喜好自行取名字。「**建立為開發裝置選項**」勾選與否都可以，之後都可以修改。

創建測試裝置

| 裝置名稱 * | 7688 |
| 裝置描述 | 輸入裝置敘述 |

☑ 建立為開發裝置 ❓

取消　　創建

圖 6-4 創立測試裝置

STEP3 ·

測試裝置新增完畢後，就能在該測試裝置的頁面看到 DeviceId 以及 DeviceKey。

圖 6-5 DeviceId 及 DeviceKey

Arduino 端

在 MCS 端建立資料通道完畢後，接著介紹 Arduino 草稿碼，以下我們將程式碼分成三部份解釋。

<EX6-1-1> 程式碼

```
01      #define led 13
```

　　定義 led 變數為 13，代表 13 號腳位，如果您想把 LED 燈接在其他地方，則可以將 13 換成別的腳位。

```
02     void setup()
03     {
04         Serial.begin(9600);
05         Serial1.begin(9600);
06         pinMode(led, OUTPUT);
07     }
```

　　在 setup 函式裡，請注意 Serial1 代表 7688 Duo 的 MCU 與 MPU 之間預設的序列通訊。

```
08     void loop()
09     {
10       if (Serial1.available())
11       {
12     char IncomingWord = char(Serial1.read());
13     switch (IncomingWord)
14     {
15       case '1':
16         digitalWrite(led, HIGH);
17         Serial.println("LED On");
18         break;
19       case '0':
20         digitalWrite(led, LOW);
21             Serial.println("LED Off");
22         break;
23     }
24       }
25     }
```

　　在 loop 函式中，先判斷是否有訊息從 MPU 過來，若有則再進一步判斷接收到 0 或者 1，藉此開關 led 燈。將 Arduino 程式燒錄完畢後，緊接著來介紹如何使用 Python 控制 7688 Duo。

使用 Python 控制 7688 Duo 的 Arduino 晶片

SSH 登入 7688 Duo 的 OpenWrt 之後，可以編寫兩種程式：Python 以及 Node.js，執行的時候只要其中一種即可。

請用以下語法建立一個名稱叫 MCSControl.py 的程式：

$nano MCSControl.py

建立之後再從本書範例程式庫中貼入本範例程式碼即可。接下來看程式的詳細說明：

<EX6-1-2> 程式碼 MCS Control.py

```
01      import serial
02      import requests
```

匯入二個函式庫，serial 是指 7688 MPU 與 Arduino MCU 溝通用的預設序列埠，requests 是讓 Python 能處理網頁訊息。

```
03      ser = serial.Serial('/dev/ttyS0',9600)
```

/dev/ttyS0 是 7688 Duo 的 MCU 位置。

```
04      device_id = "Your device ID"
05      device_key = "Your device key"
06      data_channel = "Led_Control"
```

上面三行是指 MCS 上某個測試裝置的 DeviceId、DeviceKey 以及資料通道名稱，斜體的地方請填上自己的裝置資訊。

```
07      url = "http://api.mediatek.com/mcs/v2/devices/" + device_id
08      url += "/datachannels/" + data_channel + "/datapoints.csv"
```

http://api.mediatek.com/m... 是 MCS 的 API 溝通網址。

```
09      def get_data():
10          r = requests.get(url,headers = {"deviceKey" : device_key})
```

```
11          data = r.content.split(',')[2:]
12          print data
13          return data
```

副函式 get_data() 用來處理跟 MCS 溝通完畢後的資訊。由於我們只跟 MCS 要求數值所以 header 只要給 devicekey 即可。

```
14    while True:
15          command = get_data()
16          if command[0] == '1':
17                  ser.write('1')
18          elif command[0] == '0':
19                  ser.write('0')
```

判斷從 MCS 接收到的數值，若是收到 1，則向 Arduino 發送一個字元 1；反之則傳 0。

存檔完畢後，請用以下語法來執行本程式碼。

$python MCSControl.py

使用 Node.js 控制 7688 Duo 的 Arduino 晶片

請切換至 /app 資料夾下，新增一個名稱叫 MCSControl.js 的程式

$nano MCSControl.js

建立之後再從本書程式庫中貼入本範例程式碼即可。接下來看程式的詳細說明：

<EX6-1-3> 程式碼 MCS Control.js

```
01    var mcs = require('mcsjs');
02    var SerialPort = require("serialport").SerialPort;
03    var serialPort = new SerialPort("/dev/ttyS0",
04    {baudrate: 9600
05    });
```

匯入 mcs、serial 模組。

```
06      var myApp = mcs.register({
07              DeviceId: ' Your device ID ',
08              deviceKey: ' Your device key ',
09      });
```

06 ～ 09 行註冊 MCS 登入資訊，myApp 會處理各個 MCS 資訊。

```
10      myApp.on('LED_Control',function(data,time){
11              if(Number(data)){
12                      serialPort.write("1\r");
13              }
14              else{
15                      serialPort.write("0\r");
16              }
17      });
```

myApp.on('LED_Control',function(data,time)。其中 LED_Control 是資料通道 ID，根據您的資料通道 ID 而作更改；MyApp.on 是當 MCS 的控制 LED 有任何變化時就會接收到數值；data、time 是 LED_Control 的狀態，以及資料更新時間；SerialPort.write 是把資料丟給 7688 Duo 的 MCU（Arduino）。

存檔完畢後，輸入以下指令來執行程式，就可以從 MCS 的 On ／ Off 控制器資料頻道來控制 LED 亮滅了。

$node MCSControl.js

6-2 上傳可變電阻值

　　本範例要把 7688 Duo 類比腳位 A0 的變化（接一個可變電阻）上傳到 MCS 的指定資料頻道。這樣做法的好處是由 Arduino MCU 取得您想要用的感測器數值，後續再由 MPU 端上傳到 MCS。由於大多數的感測元件都相容於 Arduino，在 MPU 端不管是用 Python 或 Node.js 來編寫網路通訊程式都很簡潔，兩者各司其職，是相當彈性的搭配。

＜ EX6-2 ＞可變電阻值

　　電路圖相當簡單，完成如下：

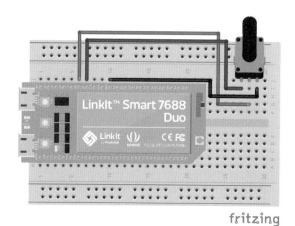

圖 6-6 可變電阻接線圖

表 6-2 7688 Duo 與可變電阻腳位對應

	7688 Duo	可變電阻
腳位	A0	中間
	5V	左
	GND	右

　　也可以透過 LinkIt Smart 7688 Duo Arduino 相容擴充轉接板，將 Grove 可變電阻模組直接接到 A0 連接埠。

MCS 設定

STEP1‧

建立一個顯示器,資料通道名稱:**可變電阻值**;資料通道 ID:**sensor**;資料類型:**Integer**;單位:N/A。

圖 6-7 建立顯示器

圖 6-8 顯示器建立完成

STEP2‧

資料通道建立好之後,您需要重新建立一個新的測試裝置,在此取名為

7688-2，或其他您喜歡的名稱。您可以在原型頁面的「**測試裝置**」頁籤來
檢視這個原型下的所有測試裝置。

圖 **6-9** 回到測試裝置

Arduino 端

　　7688 Duo 的 MPU 可軸行兩種程式：Python 以及 Node.js。執行的時候只要
其中一種即可，在 MCS 端建立完資料通道後，先介紹 Arduino 端的程式。

\<EX6-2-1\> 程式碼 Readanalog.ino
```
01    #define  sensorPin A0
```

　　定義 sensorPin 為 A0 讀取可變電阻。

```
02    void setup() {
03      Serial.begin(9600);
04      Serial1.begin(9600);
05    }
```

　　設定 Serial 與 Serial1 這兩個序列通訊，前者為 7688 Duo 與電腦端 Arduino
IDE 的序列通訊，後者為 7688 Duo 內部 MPU 與 MCS 之預設通訊埠。

```
06    void loop() {
07      int Sensor = analogRead(sensorPin);
08      Serial.println(Sensor);
09      Serial1.print('a');
10      Serial1.print(String(Sensor).length());
```

```
11      Serial1.print(Sensor);
12      delay(1000);
13    }
```

　　讀取感測器值之後，先發送一個標頭 a 讓 7688 Duo 端知道有資料要進來了，等於是火車頭。接著是發送資料長度 (Sensor).length()，長度可能為 1 ～ 4 個位元組。最後才是感測器值。7688 Duo 的 MPU 藉此就能正確判斷何時與哪裡開始讀取訊號以及訊號的正確長度。

使用 Python 讀取 7688 Duo 的 Arduino 晶片傳來的資料

　　SSH 登入 7688 Duo 之後，請用以下語法建立一個名稱叫 MCSUpload.py 的程式：

$nano MCSUpload.py

　　建立之後再從本書範例程式庫中貼入本範例程式碼即可。接下來看程式的詳細說明：

<EX6-2-2> 程式碼 MCS Upload.py

```
01    data_channel = "sensor"
02    data_channel +=",,"
```

　　資料通道名稱為 sensor，可依據資料通道名稱不同而有所改變。

```
03    url = "http://api.mediatek.com/mcs/v2/devices/" + device_id
04    url += "/datapoints.csv"
```

　　與讀取 MCS 資料通道不同點在於因為我們要上傳感測器數值所以將 datachannel 的網頁參數獨立出來，其餘內容與上一個讀取 MCS 的範例相同。

```
05    def MCS_upload(value,length):
06        data = data_channel+str(value)
07        r = requests.post(url,headers = {"deviceKey" :
08          device_key,'Content-Type':'text/csv'},data=data)
09        print r.text
```

　　MCS_upload 函式會把 MCU 讀取到的數值上傳至 MCS，其中與網頁溝通是

用 post 語法以封包的方式傳輸，最後再送出 data 讓 MCS 將資料送到指定的資料
通道；print r.text 則是顯示網頁回傳的資訊。

```
10      while True:
11          if ser.read()=='a':
12              IncommingNum = ser.read()
13              sensor = int(ser.read(int(IncommingNum)))
14
15              a = 8
16              a += int(IncommingNum)
17
18              MCS_upload(sensor,a)
```

其中 ser.read() 為讀取 Arduino 送過來的值，若接收到 a 則繼續讀取進來的
數值，依序為資料長度以及感測器數值。接收完畢後就呼叫 MCS_upload 函式進
行資料上傳。

儲存完畢後，輸入以下程式碼並執行程式：
$python MCSUpload.py

使用 Node.js 讀取 7688 Duo 的 Arduino 晶片傳來的資料

在 /app 資料夾下，請用以下語法建立一個名稱叫 MCSUpload.js 的程式：

$nano MCSUpload.py

建立之後請輸入以下程式碼。接下來看程式的詳細說明：

<EX6-2-3> 程式碼 MCSUpload.js
```
01      serialPort.on("open", function () {
02          receivedData ="";
03          serialPort.on('data',function(data)
04          {
04              receivedData =data.toString();
05      a = receivedData.length;
06              myApp.emit('sensor','', receivedData.substring(2,a));
07          });
```

```
08        });
```

serialPort.on("open", function ()) 中 的 open 是 開 啟 7688 Duo MPU　與 Arduino 端 MCU 端 的 序 列 通 訊；serialPort.on('data',function(data)) 則 是 讀 取 Arduino MCU 傳給 MPU 的值；myApp.emit 是將資料上傳到 MCS。

存檔完畢後，請輸入以下指令來執行程式，並轉動 7688 Duo 上的可變電阻，您應該會看到 MCS 的資料通道數值發生變化，如圖 6-10：

```
$node MCSUpload .js
```

641

N/A

可變電阻值

圖 6-10 執行畫面

6-3 影像直播

接下來要來介紹如何在 MCS 的 Video 資料頻道上即時觀看 7688 Duo 上的 Webcam 影像，這樣不論您人在何方，只要連到 MCS 就可以看到影像，遠端影像監控功能就完成了！

註：本範例 7688 與 7688 Duo 皆可執行

CAVEDU 說：

注意！MCS 說明每個裝置的每月流量為 3GB，請小心不要超過流量。超過的話，就新開一個測試裝置或多申請幾個帳號吧。

＜ EX6-3 ＞影像直播

在撰寫程式前，先將網路攝影機透過 OTG USB 線接上 7688 Duo 的 USB host 接頭後，接著在終端機中輸入：$ls /dev/，若有出現 video0 則表示 7688 Duo 有找到網路攝影機，若沒有請先至供應商網站安裝相關的驅動程式（註：本範例的攝影機使用的型號為 Logitech C170）。

MCS 設定

STEP1 ·

建立一個顯示器，資料通道名稱：**video**。**資料通道 ID**：**video**。資料型態：影像串流。

圖 6-11 建立 Video 顯示器資料通道

STEP2 ·

原型建立完畢後，請為它新增一個測試裝置，並記下其 DeviceId 與 DevideKey，後續的程式碼都會用到。

使用 Node.js 將影像串流到 MCS

本範例需要使用 ffmpeg 套件來進行影像串流，所以請用以下指令來安裝：
$opkg update
$opkg install ffmpeg

安裝完畢後將目錄移至 app 資料夾下，並新增一個名為 video.js 的 Node.js 程式。請看以下程式說明，03 ～ 05 行號改為您實際的資訊。

$vim app.js

< EX6-3-1 >程式碼 video.js

```
01    var mcs = require('mcsjs');
02    var exec = require('child_process').exec;
03    var DeviceId = 'Input your DeviceId';
04    var deviceKey = 'Input your deviceKey';
05    var dataChnId = 'Input your `video stream` data channel Id';
06    var width = 176;    // 影像寬度
07    var height = 144;    // 影像高度
08    var myApp = mcs.register({
09      DeviceId: DeviceId,
10      deviceKey: deviceKey,
11    });
12    // 以下指令會呼叫 ffmpeg 套件來啟動影像串流
13    exec('ffmpeg -s ' + width + 'x' + height + ' -f video4linux2 -r 30 -i /dev/video0 -f
14    mpeg1video -r 30 -b 800k http://stream-mcs.mediatek.com/' + DeviceId + '/'
15    +deviceKey + '/' + dataChnId + '/' + width + '/' + height, function(error, stdout,
16    stderr) {
17      console.log('stdout: ' + stdout);
18      console.log('stderr: ' + stderr);
19      if (error !== null) {
20        console.log('exec error: ' + error);
21      }
22    });
```

完畢後，執行程式。

$node app.js

現在您就可以看到影像串流至 MCS 的 Video 資料頻道了，按下暫停鈕即可
停止播放。

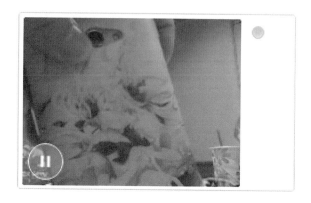

圖 **6-12** 執行結果

6-4 MCS 遙控車

本節將介紹綜合性的應用，您將會透過 MCS 上的 Gamepad 資料頻道，經由 Wi-Fi 傳送訊息到一台以 7688 Duo 為核心的雙馬達機器人，您可參考圖 6-13 的雙馬達車體示意圖。圖 6-13 是以 DFRobot 的 MiniCar 為車體，裝上 7688 Duo 與 7688 Duo 擴充板後，配上一片自製的直流馬達控制電路板（使用 L293D 晶片）。

< EX6-4 > MCS 遙控車

圖 **6-13** 雙馬達車體示意圖

電路圖

　　一般的 Arduino 是無法控制直流馬達的，7688 Duo 當然也不例外，因此需要像 L293D 這樣的直流馬達 H 橋晶片來控制。一片 L239D 晶片可以控制兩顆直流馬達的轉向與轉速，就能做出一台輪型機器人了。請依照表 6-3 與表 6-4 來完成接線，電路示意圖如圖 6-14；L293D 各個腳位上的名稱如圖 6-15。

　　註：您可以購買像是 L298N 這樣的直流馬達控制模組或擴充板，可以省去許多接線上的麻煩事。

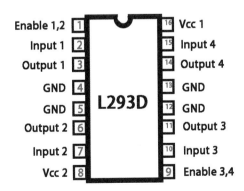

圖 6-14 遙控車電路圖

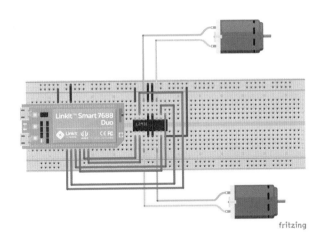

圖 6-15 L293D 晶片腳位說明

表 6-3　7688 Duo 與 L293D 接線表

	7688 Duo	L293D
腳位	D3	1
	D5	9
	D2	2
	D4	7
	D6	10
腳位	D7	15
	5V	8、16
	GND	4、5、12、13

表 6-4 L293D 與馬達接線表

	L293D	馬達
腳位	3	左 +
	6	左 -
	11	右 +
	14	右 -

CAVEDU 說：

請注意，機器人的行進方向與馬達的實際配置有關！以直流馬達來說，如果您要馬達正轉它卻反轉的話，請調整對應的控制電位值或直接把馬達的正負極電線對調，即可改變馬達轉動的方向。

MCS 設定

請登入您的 MCS 帳號，新增一個原型。接著建立一個控制器資料頻道，資料通道名稱：**控制手把**；資料通道 ID：**gamepad**；資料型態：**遊戲控制器**。

Gamepad 實際上就是六個按鈕的集合，當您有多個按鈕的需求時，使用 Gamepad 會比六個 On／Off 的資料頻道來得更有效率。

圖 6-16 Gamepad 資料通道設定

Arduino 端

在 ArduinoIDE 中，請開啟 File ＞ Example ＞ Firmata ＞ StandardFirmata，並燒錄至 7688 Duo 中。這個程式可以回應來自序列埠的各種呼叫，包含讀取 / 控制腳位狀態等等。您無需再為個別的腳位去編寫對應的判別式，類似的作法也可用於 Scratch、Processing 與 LabVIEW 等軟體來與 Arduino 溝通。

使用 Python 執行影像串流與控制機器人

SSH 登入 7688 Duo 之後，請先安裝 Python 函式庫 pyfirmata。
$pip install pyfirmata

安裝完畢後，請用以下語法建立一個名稱叫 car.py 的程式：
$nano car.py

建立之後再從本書程式庫中貼入本範例程式碼即可，接下來看程式的詳細說明：

＜ EX6-4-1 ＞程式碼 car.py

```
01    from pyfirmata import Arduino, util
02    import requests
```

pyfirmata 是基於 Arduino 的 firmata 通訊函式，我們需要其中的 Arduino 與 util 這兩個函式庫。當然也有先前範例所使用的 requests 函式庫。

```
03      board=Arduino('/dev/ttyS0')
04      EN1=board.get_pin('d:3:p')
05      IN1=board.digital[2]
06      IN2=board.digital[4]
07      EN2=board.get_pin('d:5:p')
08      IN3=board.digital[6]
09      IN4=board.digital[7]
```

定義腳位資訊 pin3、5 為 PWM 腳位，由此控制馬達轉速。pin2、4 與 6、7
可控制兩個馬達的正反轉動。

```
10      device_id = "Input device_id"
11      device_key = "Input device_key"
12      data_channel = "gamepad"
13      url = "http://api.mediatek.com/mcs/v2/devices/" + device_id
14      url += "/datachannels/" + data_channel + "/datapoints.csv"
```

這裡要輸入您的 MCS 測試裝置的 DeviceId 與 DeviceKey，當然 MCS 的資訊
頻道名稱也要對應，在此使用 gamepad。

```
15      def game_pad():
16          r = requests.get(url, headers = {"deviceKey" : device_key})
17          data = r.content.split(',')[2:]
18          print data
19          return (data[0][0], data[0][-1])
```

副函式 game_pad 為讀取 MCS 所回傳的數值，其中 game_pad 會丟過來兩
個參數：(1) 哪個按鍵 (2) 按下或放開。

```
20      while True:
21          command = game_pad()
22          if command[1] == "1":        // 收到數字的 1 代表按鈕被壓下
23              if command[0] == "1":    // 收到小寫的 1
24                  print "left"
25                  EN1.write(1);
26                  IN1.write(0);
27                  IN2.write(1);
```

```
28              EN2.write(1);
29              IN3.write(1);
30              IN4.write(0);
31      ......
```

進入主程式，先判斷是否有按下按鍵，再判斷按下的按鍵進行對應的動作。

```
32          else:    // command[1] 不是收到 1 就是 0
33            led.write(0);
34              EN1.write(0);
35              IN1.write(0);
36              IN2.write(0);
37              EN2.write(0);
38              IN3.write(0);
39              IN4.write(0);
```

若放開任何一個按鍵，則會讓車子停止。請用以下語法來執行程式：

$python car.py

執行時，請點選 Gamepad 資料頻道上的任一個按鈕，機器人有按照您的指令動起來了嗎？

6-5 總結

本章告訴您如何讓 7688 Duo 的 MPU 與 MCU（Arduino 晶片）溝通，並攜手合作來與 MCS 互動。從基本的控制 LED 亮暗、上傳感測器數值進而到收看遠端影像與控制機器人等等。有感受到開發板與雲端結合的無窮威力了嗎？

6-6 延伸挑戰

1. 請修改＜ EX6-1 ＞，改由 MCS 的 Category 控制器資料頻道（預設有三個 Category）來控制 3 個 LED 亮滅。

2. 請修改＜ EX6-2 ＞，將其他您喜歡的感測器（溫溼度感測器、氣體感測器）上傳到 MCS 的顯示器資料頻道。

3. 請把＜ EX6-3 ＞與＜ EX6-4 ＞整合起來，例如把網路攝影機裝在機器人身上，這樣就有一台即時影像串流功能的機器人了！

第七章

Android 手機影像串流機器人

　　本章將延續上一章的範例,使用 Android 智慧型手機來控制 7688 Duo 機器人平台,還能即時接收 7688 Duo 的網路串流影像。別擔心,今天不用寫 Java,而是用 Google 公司與美國麻省理工學院一同開發的 App Inventor 圖形化 Android 開發環境。您只要拖、拉、放各種元件與指令,一個個 app 就完成了,可以大幅降低非資訊背景但想要自行開發 app 者的進入門檻。

　　對於 App Inventor 這個主題有興趣的朋友,請參考本團隊所管理的 App Inventor 中文學習網,上面有非常多有趣的範例:http://www.appinventor.tw。

本章材料:

名稱	數量
LinkIt Smart 7688 Duo	1
Android 手機	1

7-1　硬體

　　如上一章的二輪機器人平台,或類似的履帶機器人,只要是馬達配置於車體左右兩側的都可以。

7-2　Android 端:App Inventor

　　本專案的架構是在 7688 Duo 扮演網路伺服器(Server),接著使用 Android app 作為客戶端(Client),一方面接收來自 7688 Duo 端的即時影像呈現在 WebViewer 元件中,另一方面還可透過按鈕發送不同的控制字元給 7688 Duo,藉此來控制直流馬達的轉動方向與轉速,機器人就動起來了!如果只是要看即時影像的話,用電腦開啟瀏覽器就可以了。但我們要進一步藉由手機的按鈕與傾斜狀態來控制機器人,所以需要編寫一個客戶端小程式才行。若您熟悉網頁製作的程式語言,也可以改用 PHP 來做做看。

App Inventor 新增專案

　　請依照下列步驟來編寫 Android 手機端軟體,請注意本專題會用到手機上的感測器,因此無法使用模擬器,故本書只會介紹如何將 App Inventor 程式打包成 apk(Android 應用程式安裝檔)之後,安裝到實體 Android 手機上。

請到 App Inventor 2 網站（http://ai2.appinventor.mit.edu/），並使用您個人的 Gmail 帳號登入。如果這是您第一次使用 App Inventor 2，您會看到一個空白的專案（Projects）頁面，如圖 7-1。

日後您開發的所有專案都會在此頁面上，您可在此頁面來新增、刪除專案以及另存新檔。也可以上傳他人所寫的 .aia 原始碼，或是將指定專案的原始檔下載到電腦。

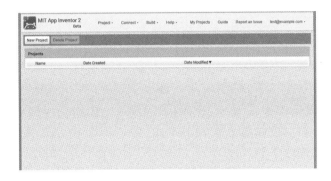

圖 7-1 空白的專案頁面

請點選 Projects 頁面左上角的 New Project 按鈕，接著請輸入專案名稱 **7688robot**，或是任何您喜歡的專案名稱，輸入完畢之後請按 OK 就會進到 Designer 頁面，如圖 7-2。App Inventor 2 的專案命名方式類似於一般程式語言的變數宣告方式，例如不能以數字或符號開頭、不能有空白等等，像是 123myProject 或 mycode 01 就是不合格的專案名稱。

Designer 頁面

接著會進入 Designer 頁面，這裡就是您選擇程式元件並決定程式外觀的地方，如下圖所示：

圖 7-2 Designer 頁面

　　App Inventor 2 的各種程式元件都位於 Designer 頁面左側的 Palette 元件區中。 元件是指用來構成程式的各種不同功能的模組，就好像菜單上的食材一樣。有些元件相當簡單，例如顯示文字用的 Label 元件，或是可點擊來觸發後續動作的 Button 元件，以及輸入資料用的 TextBox 元件。也有其它較複雜的程式元件，例如本專題用來控制機器人方向的加速度（動作）感測器，就好像 Wii 的手把一樣，讓我們可以偵測手機的移動 / 搖動狀況。另外還有發送藍牙訊息的 BluetoothClient 元件、可播放音樂的 Sound 與 Player 元件，以及從網站擷取資料的 Web 元件等等，非常豐富。您可以點選元件旁的小問號？標示來看各元件的說明。

CAVEDU 說：

App Inventor 中文學習網上有 App Inventor 2 所有指令的中文化說明以及超多範例，歡迎多多利用喔！

　　您只要將要用的程式元件拖到 Designer 頁面中間的 Viewer 區就可以了。當您在 Viewer 中放入一個程式元件時，Designer 頁面右側的 Components 區也會出現該程式元件的名稱。相同類型的元件會以放入的順序來編號，例如 Button1、Button2…等。我們可使用在 Components 區下方的 Rename 與 Delete 按鈕來重新命名或刪除該元件。

　　Designer 頁面最右邊的 Properties 區可以調整各個元件的屬性，請點選要修改的元件後就會在 Properties 區中看到該元件可修正的各種屬性。

如何下載 apk 安裝檔

　　Android 系統的應用程式安裝檔的副檔名為 .apk，App Inventor 提供了兩種不同的安裝方式，您在 Designer 或 Blocks 頁面上方按下 Build 就可以開啟選單：

App (provide QR oode for apk)

　　將程式打包並產生一組二維條碼，您可以使用 MIT AI2 Companion 或任何條碼掃瞄程式來掃描之後，即可取得下載安裝檔的網址連結，再透過無線網路或 3G 網路來下載程式。

CAVEDU 說：

MIT AI2 Companion 是一款條碼掃瞄的 APP 程式，與其它程式不同的是，它可以直接同步您在 App Inventor 專案裡的資料。一般來說，使用條碼掃瞄後，都會下載一個 apk 檔並開啟執行，若是之後修改專案，還要再重新掃瞄並下載。若是使用 AI2 Companion 進行掃瞄，則您在專案上做的修改都能夠同時呈現在手機上，很方便呢！您只要點選 Connect AI Companion 即可出現條碼。

App (save .apk to my computer)

將 .apk 安裝檔下載到電腦，您可以將這個檔案直接寄給擁有 Android 裝置的朋友們，讓他們一起分享您的成果。

另一方面，Android 手機預設只能安裝從 Google Play 上下載的程式，所以當需要在手機的設定頁面中勾選允許安裝來源不明的應用程式設定，否則會因為權限不足而無法順利安裝。本介面以 SONY 手機來截圖，不同的手機項目名稱可能有所不同，但路徑是一樣的。

請在手機的設定→安全性選單中勾選「**不明來源**」，代表允許安裝非 Google Play 的應用程式。

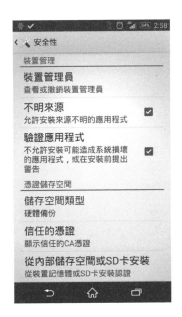

圖 7-3 允許安裝非來自 Google Play 的程式

手機端程式說明

從登入到安裝程式都介紹了，現在來看看如何編寫 App Inventor 程式吧。

Designer 頁面

本專題會用到的元件列表如下：

元件類別	名稱	屬性修改
ListPicker	ListPicker1	選擇連線方式：AP mode 與 Station mode Text 欄位請設為「choose connect mode」
TextBox	TextBox1	輸入 7688 Duo 的 Station mode IP Visible 屬性設為 false
Button	Button_OK	按下後連線到 7688 Duo Visible 屬性設為 false
Horizontal Arrangement	Horizontal Arrangement1	將 WebViewer 與 VerticalArrangment 水平排列
WebViewer	WebViewer1	呈現來自 7688 Duo 的串流影像 Width 請設為「320」，Height 請設為「240」，以對應串流影像。
Vertical Arrangement	Vertical Arrangement1	將以下四個項目垂直排列
Label	Label1 Label2	顯示轉彎程度 顯示機器人動作（前進 1/ 後退 2/ 停止 0）
Button	Button_F Button_B	讓機器人前進 讓機器人後退
非可視元件		
Accelerometer	Accelerometer1	取得手機上的加速度感測器狀態，用來控制機器人行進方向
Clock	Clock1	根據按下按鈕與加速度計狀態來發送控制字元給 7688 DuoTimerInterval 請設為「500」

Clock	Clock2	將 7688 Duo 之串流影像更新於 WebViewer TimerInterval 請設為「200」
Web	Web1	對 7688 Duo 發送控制字元

完成後如圖 7-4，您不需要弄得一模一樣，只要您覺得好操控即可。在每次設計的過程中都會有不同的靈感，也歡迎多參考網路範例，好的介面是成功的第一步，值得您多花功夫琢磨。

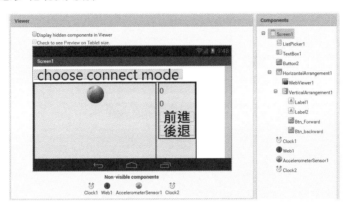

圖 7-4 Designer 頁面完成圖

請注意本專題為了有比較好的操控效果，改用橫向握持。請將 Screen1 元件的 ScreenOrientation 選項設定為 Landscape，代表橫向畫面。如果未指定的話（預設為 Unspecified），系統會自動根據您的握持方向自動切換畫面為直式或橫式，這會影響到操控效果。

圖 7-5 修改畫面為橫向

Blocks 頁面

STEP1·

宣告數字變數 steer、steer_last、action 等變數，初始值為 0。文字變數 ip，初始值為空白文字。邏輯變數 send_flag，初始值為 false。接著在 Screen1.Initialize 事件中，呼叫 WebViewer1 的二個指令 ClearCaches 與 ClearLocations，分別代表清除網路快取與位置紀錄。

圖 7-6 宣告變數與程式初始化

STEP2·

我們透過 ListPicker 來選擇連線方式為 AP mode 與 Station mode。請在 ListPicker1.BeforePicking 事件中，將 ListPicker 的 Elements 透過 make a list 指令設為 7688 in ap mode 與 7688 in station mode 這兩個文字。

接著在 ListPicker1.AfterPicking 事件中，如果所點選的項目編號 ListPicker. SelectionIndex 為 1，則將 ip 變數設為 192.168.100.1，這就是 AP mode 的預設 IP，並將 Clock2.TimerEnabled 設為 true，這時候就可以在手機上看到 7688 Duo 的串流影像了。反之則將 TextBox1 與 Button_OK 的 Visible 屬性設為 true，這時這兩個元件才會在畫面上顯示出來。最後將 ListPicker1 設為不可見，即 Visible 設為 false。

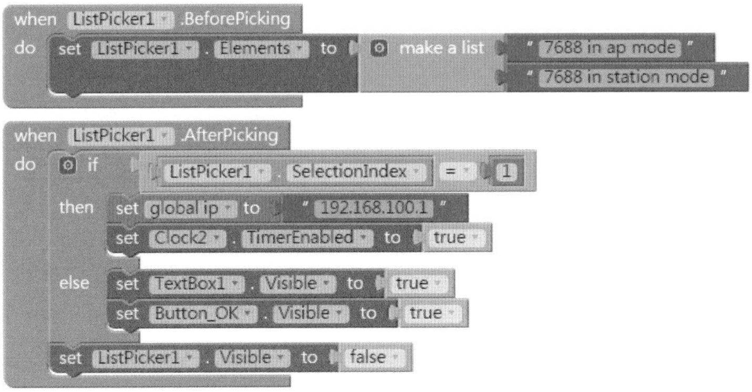

圖 7-7 設定清單選取器點選前 / 後事件內容

STEP3

如果您在上一步選擇了 7688 in station mode，就必須在本步驟中輸入正確的 IP 才能正確與 7688 Duo 溝通。因此在 Button_OK.Click 事件中，我們先檢查 TextBox1.Text 的文字長度是否大於 0 以及 TextBox1.Text 的第一個文字是否等於 0（網路 IP 不可能用 0 開頭），如果滿足的話，就將 ip 變數內容指定為 TextBox1.Text，並將 TextBox1 與 Button_OK 的 Visible 屬性設為 false（此時元件就會從畫面上消失）、將 Clock2.TimerEnabled 設為 true，最後將 Web1.Url 設為我們方才更新的 ip 變數值，請注意後面加上的 29876 是我們自定義的 port，這當然是與 7688 Duo 端的程式碼是對應的。您可以改為別的參數，只要一致就好。

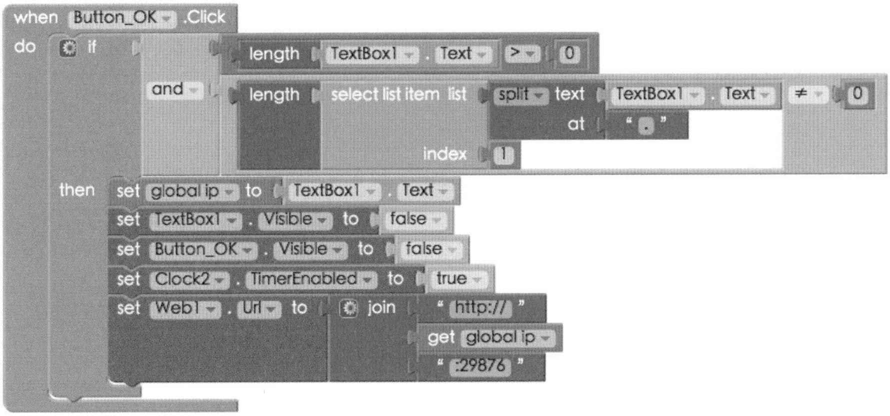

圖 7-8 設定 7688 Duo 的 Station mode IP

STEP4

取得手機傾斜方向並發送出去。Clock1.Timer 事件是每 0.5 秒（因為我們在 Designer 頁面已指定其 TimerInterval = 500）執行以下內容：

(1) 將 steer 變 數 設 為 加 速 度 感 測 器 Y 軸 變 化 量 的 四 捨 五 入 結 果 （AccelmeterSensor1.YAccel 搭配 round 指令），這個變數是用來決定機器人的轉彎幅度。

(2) 使用 join 指令，將轉向：與 steer 變數值組合之後顯示於 Label1.Text。

(3) 使用 join 指令，將動作：與 action 變數值組合之後顯示於 Label2. Text。

(4) 檢查 send_flag，如果為 true，就呼叫 Web1.PostText 指令發送以下內容的 join 組合結果。send_flag 變數可以避免重複發送訊息：

◎ action 變數值
◎ ","
◎ steer 變數值
◎ "\n"（換行符號）

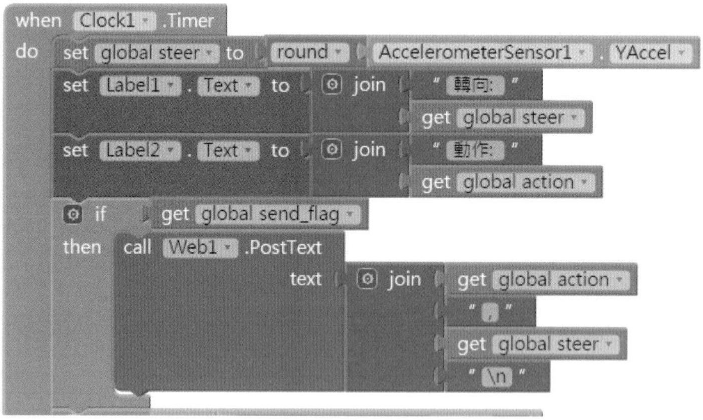

圖 7-9 取得加速度 Y 軸變化，更新螢幕並發送指令給 7688 Duo

Clock1.Timer 事件下半段中要決定 send_flag 變數值：如果 action 變數值＝ 0（未點選任何按鈕）或 steer 變數值＝ steer_last 變數值（兩次狀態相同），則將 send_flag 變數設為 false，這樣就不會對 7688 Duo 送出重複的訊息。另一方面，如果 action 變數值不等於 0（點選了前進或後退按鈕

其中之一）或 steer 變數值不等於 steer_last 變數值（兩次轉彎程度不同），
則將 send_flag 變數設為 true，這樣就可以把更新後的 action 與 steer 兩
個變數值藉由 Web 元件發送出去。

最後將 steer_last 變數值指定為 steer 變數值，這樣才能記錄每一次的
steer 轉向程度。

圖 7-10 更新相關變數值

STEP5 ·

取得 7688 串流影像。Clock2.Timer 事件是每 0.2 秒（因為我們在 Designer
頁面已指定其 TimerInterval = 200）執行以下內容：

(1) 設定 WebViewer1.HomeUrl 為 join 指令之組合結果，這是完整的影像串
流網址，您也可用另一台電腦的瀏覽器直接開啟這個連結來檢查是否可
正確收到影像：

◎ "http://"

◎ ip 變數值

◎ ":8080/?action=stream"

(2) 將 Web1.Url 顯示於 Screen1.Title 狀態列上。

(3) 將 HorizontalArrangement 設為不可見。

(4) 啟動 Clock1.Timer，關閉 Clock2.Timer。

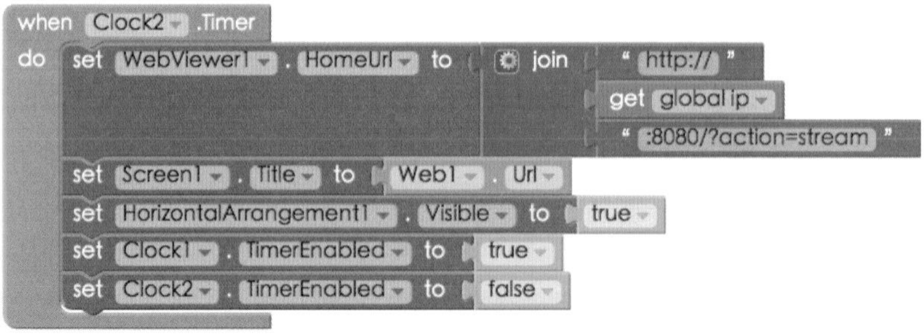

圖 **7-11** 每 0.2 秒更新影像

STEP6 ·

Button_F.touchDown 前進按鈕被壓下時，先將 action 變數設為 1，再把 send_flag 變數設為 true，這樣在 STEP4 的 Clock1.Timer 事件中就會把更新後的 action 與 steer 兩個變數值發送給 7688 Duo 讓它執行對應的動作，就是前進。反之當您的手指放開前進按鈕時，會把 action 變數設為 0，這樣 7688 Duo 接收到這個狀態之後就會讓馬達停止轉動，機器人也就停下來了。

請注意 Button.Click 事件實際上就是先 TouchDown 再 TouchUp，在此我們這麼做是為了讓一個元件能執行兩種動作。後退按鈕的做法除了壓下時會把 action 變數值設為 2（7688 Duo 收到 2 就會讓馬達反轉）之外，其餘完全相同，請參考圖 7-13。

圖 **7-12** 前進按鈕的壓下 / 放開事件

圖 7-13 後退按鈕的壓下 / 放開事件

7-3 LinkIt Smart 7688 Duo 端：Python

　　登入 7688 Duo 之後，使用 vim 或 nano 建立一個名為 7688tank.py 的檔案，並「直接輸入以下 <EX 7-1> 程式碼的內容，以下介紹重要的程式片段：

◎ 01~04 行：匯入所需函式庫
◎ 06~09 行：宣告馬達所連接之腳位
◎ 11~14 行：設定 PWM 的頻率
◎ 28~43 行：解析從手機來的訊息
◎ 44~81 行：控制馬達速度、方向
◎ 84~116 行：啟動 http 服務
完整的 7688 Duo 端 Python 程式如下：

< EX7-1 >程式碼 7688 tank.py

```
01      import BaseHTTPServer
02      import struct, fcntl, os
03      import mraa
04      from time import sleep
05
06      motor_R_A = mraa.Pwm(18)
```

```
07        motor_R_B = mraa.Pwm(19)
08        motor_L_A = mraa.Pwm(20)
09        motor_L_B = mraa.Pwm(21)
10
11        motor_R_A.period_ms(2)
12        motor_R_B.period_ms(2)
13        motor_L_A.period_ms(2)
14        motor_L_B.period_ms(2)
15
16        motor_R_A.enable(True)
17        motor_R_B.enable(True)
18        motor_L_A.enable(True)
19        motor_L_B.enable(True)
20
21        motor_R_A.write(0)
22        motor_R_B.write(0)
23        motor_L_A.write(0)
24        motor_L_B.write(0)
25
26        gain = 25.0
27
28        def catch(receivedata):
29                button = 0;
30                angle = 0;
31                num = 0;
32                try:
33                        num = receivedata.find(',')
34                        pass
35                except:
36                        return
37
38                button = int(receivedata[0:num])
39                try:
40                        angle = int(receivedata[num+1:len(receivedata)])
41                        pass
42                except:
43                        return
44                L_control = 0
```

```
45              R_control = 0
46              # 手機向左傾斜，根據 gain 值計算左轉幅度
47              if angle>=0:
48                      L_control = (100-angle*gain)/100
49                      R_control = 1
50              # 手機向右傾斜，根據 gain 值計算右轉幅度
51              elif angle<0:
52                      L_control = 1
53                      R_control = (100+angle*gain)/100
54              # 限制轉彎的上下限
55              if L_control < 0:
56                      L_control = 0
57              elif L_control > 1:
58                      L_control = 1
59              elif R_control < 0:
60                      R_control = 0
61              elif R_control > 1:
62                      R_control = 1
63              print L_control
64              print R_control
65
66              if button == 0:   # 機器人停止
67                      motor_R_A.write(0)
68                      motor_R_B.write(0)
69                      motor_L_A.write(0)
70                      motor_L_B.write(0)
71          # 機器人後退（根據 L_control 與 R_control 值來決定為左後轉，右後轉或後退）
72              if button == 2:
73                      motor_R_A.write(L_control)
74                      motor_R_B.write(0)
75                      motor_L_A.write(R_control)
76                      motor_L_B.write(0)
77          # 機器人前進（根據 L_control 與 R_control 值來決定為左轉，右轉或前進）
78              if button == 1:
79                      motor_R_B.write(L_control)
80                      motor_R_A.write(0)
81                      motor_L_B.write(R_control)
82                      motor_L_A.write(0)
```

```
83                pass
84    """ 此部分為 HTTP 伺服器處理，針對開啟伺服器後發出 200 回應，並且若有任何 GET
85    或 POST 等 HTTP 訊息做相對應的回應 """
86    class ServerHandler(BaseHTTPServer.BaseHTTPRequestHandler):
87        def do_HEAD(self):
88                self.send_response(200)
89                self.send_header("Connection","Close")
90                self.end_headers()
91        def do_GET(self):
92                print ("======= GET STARTED =======")
93                print (self.headers)
94
95        def do_POST(self):
96                self.send_response(200)
97                self.send_header("Connection","Close")
98                self.end_headers()
99                print ("======= POST STARTED =======")
100               print (self.headers)
101               print ("======= POST VALUES =======")
102               length = int(self.headers['content-length'])
103               item = self.rfile.read(length)
104               print(item)
105               catch(item)
106   # 開啟一個基於 HTTP 伺服器的網頁伺服器
107   class WebServer(BaseHTTPServer.HTTPServer):
108       def __init__(self, *args, **kwargs):
109           BaseHTTPServer.HTTPServer.__init__(self, *args, **kwargs)
110           flags = fcntl.fcntl(self.socket.fileno(), fcntl.F_GETFD)
111           flags |= fcntl.FD_CLOEXEC
112           fcntl.fcntl(self.socket.fileno(), fcntl.F_SETFD, flags)
113   server_class = WebServer
114
115   httpd = server_class(("", 29876), ServerHandler)   #指定連線埠號
116   httpd.serve_forever()
```

影像操作

操作時，請先讓 7688 Duo 端的 Python 程式執行起來，接著執行 Android 手機端程式。在連線數允許的情況下，可以多人一起看 7688 Duo 的影像，輸入以下執令，一起來玩迷宮探險吧！圖 7-14 是阿吉老師家的探險機器人，碰到貓咪了呢！

$sudo 7688tank.py

圖 7-14 7688 Duo 影像執行

7-4 總結

本章介紹了如何透過 App Inventor 來開發一個 Android 智慧型手機 app，不但可以讓 7688 Duo 機器人跑來跑去，還能接收 7688 Duo 的網路串流影像。如果您對於自行開發 app 來結合物聯網或機器人等應用有興趣的話，請多多運用本團隊所管理的 App Inventor 中文學習網。

7-5 延伸挑戰

請修改 App Inventor 端程式，將按鈕改為 Google 語音控制。提示：

(1) 新增一個 SpeechRecognizer 元件

(2) 用按鈕觸發之後，在 SpeechRecognizer.AfterGettingText 事件中判斷 result 事件變數（Google 語音辨識結果），如果等於"前進"就將 action 變數值改為 1，這樣透過 Clock1.Timer 發送出去一樣可以讓機器人前進。

(3) 其他辨識條件請自己玩玩看囉！

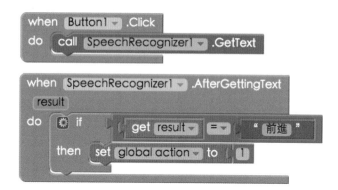

第八章

AWS IoT 亞馬遜物聯網雲服務

本書主要使用 MCS 來搭配 7688 Duo 完成各種物聯網應用，但您應該已經發現，MCS 所提供的是一個控制與顯示的介面，對於不同類型的資料提供了豐富的資料通道供您選擇，您很快就能做出一個相當完整的開發板互動介面，但如果要進一步到運算與智能的話，就需要結合更進階的雲服務。

本章將介紹如何結合 7688 Duo 以及亞馬遜雲端服務（Amazon Web Service，簡稱 AWS）。在第四章我們介紹了 MCS 雲端服務，雖然 MCS 在設定與使用上都非常簡單快速，功能也非常豐富，然而 AWS 不僅提供物聯網服務，還有其他各式各樣的智能服務，也因此透過 AWS，我們可以發展更多應用。事實上，MCS 就是以 AWS 為基礎開發出來的。接下來我們會先簡單介紹什麼是 AWS、帶領您認識並使用 AWS IoT 的開發環境、以及如何讓 AWS IoT 與 7688 Duo 溝通。

本章部分資訊引用自 https://aws.amazon.com/tw/types-of-cloud-computing/

本章材料：

名稱	數量
LinkIt Smart 7688 Duo	1

8-1 亞馬遜雲端服務 (Amazon Web Service, AWS)

什麼是雲端服務？

無論您是在執行擁有數百萬行動使用者的照片共享應用程式，還是要為您業務的關鍵營運提供支援，雲端服務都可讓您快速存取靈活且成本低廉的 IT 資源。透過雲端運算，您無需預先在硬體投資巨額資金，然後花大量時間和精力來維護和管理這些硬體。反之，您可以精準佈建所需的類型和規模的運算資源，為您的新點子提供助力，或者協助您的 IT 部門運作。您可以借助 AWS 的雲端運算來即時存取所需的資源，且只需要為使用量付費。

雲端運算提供一種簡單的方式透過網路來存取伺服器、儲存、資料庫和各種應用程式服務。像 Amazon Web Services 這樣的雲端運算提供商，他們擁有和維護此類應用程式服務所需的硬體，而您只需要透過 Web 應用程式就可以佈建和使用所需的資源。

雲端運算的三種類型

　　雲端運算有三種主要類型，通常分別稱為基礎設施即服務（Infrastructure as a Service, IaaS）、平台即服務（Platform as a Service, PaaS）和軟體即服務（Software as a Service, SaaS）。針對您的需求選擇正確的雲端運算類型，有助於您在繁重工作中取得良好平衡。

基礎設施即服務

　　IaaS 包含基本的雲端 IT 建構區塊，通常能提供聯網功能、電腦（可以是虛擬主機或是專屬的一台電腦硬體）及資料儲存空間的存取。基礎設施即服務可為您擁有最大彈性和最高層級管理控制的 IT 資源，且與目前許多 IT 部門和開發人員熟悉的現有資源最類似。

平台即服務

　　可讓公司與組織無須管理基礎設施（通常是硬體和作業系統），並讓您能專注於應用程式的部署和管理。因為您不需要擔心執行應用程式時的資源採購、容量規劃、軟體維護、修補，或任何其他相關的繁重工作，所以能協助您更有效率地工作。

軟體即服務

　　可提供您由服務供應商執行和管理的完整產品。在大部分情況下，一般所說的軟體即服務指的是最終使用者應用程式。有了 SaaS 產品，您就不需要考慮如何維護服務或如何管理基礎設施；您只需要思考如何運用該特定軟體。最常見的 SaaS 應用程式範例就是網路電子郵件，您可以在該應用程式收發電子郵件，而不需管理電子郵件產品中額外的功能，或維護執行電子郵件程式的伺服器和作業系統。

亞馬遜雲端服務產品

　　AWS 提供了各式各樣的雲端服務解決方案，主要有以下幾類：

◎ 網站以及網路應用程式（Websites & Web Apps）
◎ 行動服務（Mobile Services）
◎ 備份、儲存以及封存服務（Backup, Storage, & Archive）
◎ 巨量資料以及高效能運算（Big Data & High Performance Computing）

◎ 財務金融服務（Financial Services）
◎ 遊戲開發（Game Development）
◎ 數位媒體（Digital Media）
◎ 健保與生命科學（Healthcare & Life Sciences）
◎ 商務應用（Business Apps）

在各個解決方案下，則包含許多不同的產品，圖 8-1 即為 AWS 所有雲端服務產品。由於 AWS 包含的內容非常廣泛，這裡我們就不一一介紹各個領域。您只需要知道個服務都可以互通有無，舉例來說，我們可以透過 AWS IoT 將 IoT 裝置的資料上傳，而在資料上傳後，則可以使用 AWS 的資料庫產品來儲存資料，或是高效能運算產品進行資料分析。

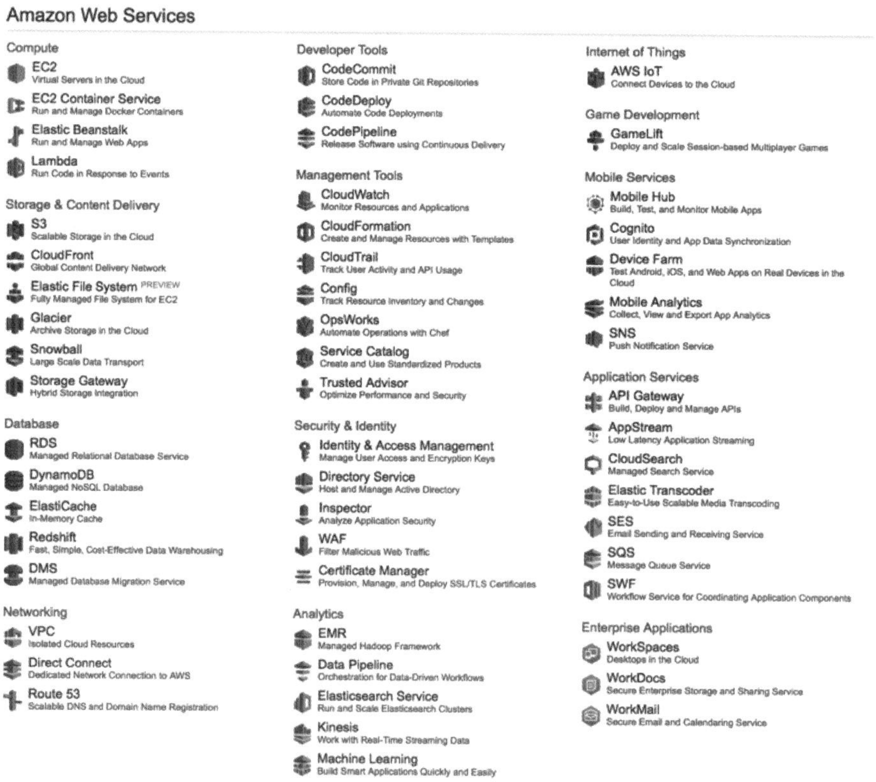

圖 **8-1** AWS 提供的所有雲端服務產品一覽。

註冊帳號

在 開 始 使 用 AWS IoT 服 務 前，我 們 需 要 先 註 冊 一 個 AWS 帳 號。請 連 至 https://aws.amazon.com/，並 點 選 建 立 免 費 帳 號（Create a Free Account），如 圖 8-2 所示。您可以在畫面右上角切換語言為繁體中文，但是並不是所有的頁面 都有中文版本。

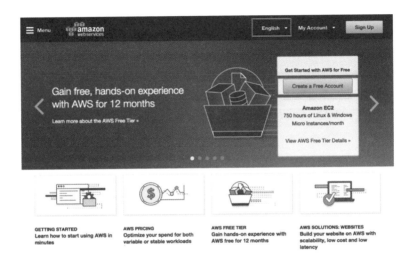

圖 **8-2** 註冊一個 AWS 帳號。

接 著 您 會 進 入 登 入 畫 面，如 圖 8-3 所 示。請 點 選 新 使 用 者（I am a new user）並 登 入（sign in），接下來只要照畫面上的指示操作即可。

Sign In or Create an AWS Account

What is your email (phone for mobile accounts)?

E-mail or mobile number:

○ **I am a new user.**

○ **I am a returning user and my password is:**

Sign in using our secure server ▶

Forgot your password?

圖 **8-3** 登入 AWS 以建立帳號。

　　目前若您是一般使用者且沒有要開發商業應用，註冊帳號後的第一年使用可說幾乎免費（少數服務還是需要付費，例如 AWS Kinesis）。但是您仍要輸入您的信用卡資訊以啟用帳號。註冊完帳號後即可登入 AWS IoT 的後台了，請將游標移至產品（Products），並點選 AWS IoT，如圖 8-4 所示。

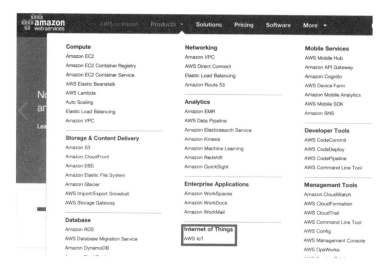

圖 8-4　註冊完帳號後即可登入 AWS IoT 後台

8-2　亞馬遜物聯網服務（AWS IoT）

AWS IoT 架構

　　在正式開始體驗 AWS IoT 的各項功能前，先讓我們來瞭解一下其架構與背景。透過 AWS IoT，物聯網裝置可以輕易地存取 AWS 雲，並與 AWS 各項雲端服務互動。常見的物聯網應用則包含收集以及處理各式遙測數據，與硬體的遠端控制等等。AWS IoT 與物聯網裝置的互動可以透過 MQTT 以及 HTTP 協定來進行，基本上是以 MQTT 為主。

　　在 AWS IoT 中，物聯網裝置透過上傳 JSON 格式的訊息至特定的 MQTT 主題以回報它們的狀態。因此，在上傳資料到 AWS IoT 時，請務必確保您的資料符合 JSON 格式，且上傳到正確的 MQTT 主題上。每個 MQTT 主題都具有一個階層式的名稱架構，用來表示 **AWS IoT 元件（Things）** 的更新狀態，我們在後面的範例中即會看到這樣架構的實際應用。在這裡，AWS IoT 元件並不是指實體的物聯網元件（例如 7688 Duo），AWS IoT 元件是 AWS 所提供的服務，讓您的實體裝置可以跟 AWS 溝通。

當一個訊息被發佈到一個 MQTT 主題上時，此訊息會先被 AWS IoT 的 MQTT **訊息仲介（Message Broker）**所接收。這個訊息仲介的用途在於接收並轉發所有被發佈到 MQTT 主題的訊息至全部有訂閱該主題的用戶端中。物聯網裝置與 AWS 之間的連線是透過 X.509 憑證所保護。您可以使用自己的憑證，或是讓 AWS IoT 幫您產生憑證，而此憑證必須在 AWS IoT 上被註冊以及啟用，且附加到 AWS IoT 元件上，您的物聯網裝置將透過此憑證來與 AWS IoT 服務連線。關於元件的資訊以及憑證都會被儲存在該元件的**目錄（Thing Registry）**中。

AWS IoT 強大的地方在於您可以輕易地透過其規則引擎（Rules Engine）來結合亞馬遜所提供的其他雲端服務，以及將資料傳送到其他雲端裝置。舉例來說，您可以設立一個簡易的規則，將物聯網裝置所上傳到 AWS IoT 的資料轉存到亞馬遜的雲端資料庫 AWS DynamoDB 中，或是使用雲端運算服務 AWS Lambda 執行程式以分析資料，或是透過訊息服務 AWS SNS 傳送簡訊給手機回報裝置最新狀態。AWS IoT 的規則引擎使用其專有的語法來過濾訊息，一旦物聯網裝置上傳的資料符合特定語法，就會執行相對應的動作。規則引擎本身也結合了**亞馬遜的身份與存取管理服務（Identity and Access Management，IAM）**，以保護整個過程的安全性。圖 8-5a 即為 AWS IoT 的架構圖。

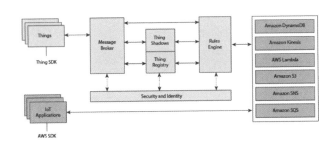

圖 8-5a AWS IoT 架構（圖片取自 http://docs.aws.amazon.com/）。

每個 AWS IoT 元件都具備一個元件陰影（Device shadows）來讀取與儲存元件的狀態，其中狀態則包含應用程式所要求的狀態以及元件的上一個狀態。當一個應用程式對 AWS IoT 元件要求當前狀態時，元件陰影會回傳一個含有元件狀態、註解、版本的 JSON 格式檔案給程式端。也就是說，一個應用程式可以透過要求改變 AWS IoT 元件的狀態來操控一個實體的物聯網元件。 AWS IoT 的元件陰影會接收應用程式的要求、更新元件的狀態,並回傳一個訊息以讓用戶端確認狀態已被更新,而 AWS IoT 元件也會同步更新。

　　讓我們舉一個實際應用的例子來進一步說明元件陰影的功用。假設您的物聯網裝置是一個可以透過手機應用程式遙控的三色 LED 燈,也就是說,您可以透過手機控制燈光的顏色。當您產生一個相對應的 AWS IoT 元件後,其元件陰影就會儲存此 LED 燈的狀態(在此代表燈的顏色)。現在,假如您使用手機將燈光顏色設定為紅色,然後關掉 LED 的電源,接著再利用手機將燈光顏色改為綠色,接著打開電源,您會發現 LED 變為綠色而不是停留在紅色,即便您是在它沒有電時更改顏色。這就是元件陰影的功用:即使您的實體物聯網元件沒有在運作,您仍可以使用應用程式改變元件的狀態,這時 AWS IoT 上的元件陰影就會儲存此狀態,當您的實體裝置恢復運作後,元件陰影就更新到最新狀態了。

CAVEDU 說:

JSON 是「JavaScript Object Notation」的縮寫,為一種用來統一資料與數據的文字格式,具有輕便以及易讀的特性。JSON 格式的資料常用於網路應用程式與伺服器之間的溝通,是除了傳統的 XML(Extensible Markup Language)格式外的另一個選擇。

舉例來說,以下的 JSON 檔案範例描述了一間公司員工的姓名,包含一個物件「員工 (employees)」以及一個陣列「姓名 (firstName, lastName)」:

```
{"employees": [
    {"firstName":"John", "lastName":"Doe"},
    {"firstName":"Anna", "lastName":"Smith"},
    {"firstName":"Peter", "lastName":"Jones"}
]}
```

同樣的內容若是改寫成 XML 則會具有以下的形式:

```
<employees>
    <employee>
        <firstName>John</firstName> <lastName>Doe</lastName>
    </employee>
    <employee>
```

```
        <firstName>Anna</firstName> <lastName>Smith</lastName>
    </employee>
    <employee>
        <firstName>Peter</firstName> <lastName>Jones</lastName>
    </employee>
  </employees>
```

相比之下，JSON 是否更加簡潔易讀呢？

MQTT

MQTT 是「MQ Telemetry Transport」的縮寫，由安迪·史丹佛-克拉克博士（Dr. Andy Stanford-Clark）以及亞倫尼波（Arlen Nipper）在 1999 年時所提出。MQTT 是一個簡單又輕便的通訊協定，專門用來給功能有限的硬體裝置（低頻寬、高延遲，低可靠度）使用。MQTT 協定在設計上秉持著最小化裝置所需的頻寬以及硬體資源，並同時盡可能提高可靠度以及資料送達的能力。由於 MQTT 這樣的特性剛好符合物聯網裝置的需求，近幾年來隨著物聯網的興起，MQTT 遂愈加熱門。

從前面的 AWS IoT 架構介紹中，或許您已大概可以看出 MQTT 協定運作的一些端倪，這裡讓我們來介紹一下其運作架構。

MQTT 協定的架構建立在**發佈／訂閱（publish/subscribe）**的關係下，其中**訊息仲介（message broker）**則扮演最重要的角色，所有物聯網節點，不論是發佈或是訂閱，都圍繞著訊息仲介，形成一個星狀的結構，而物聯網裝置可以訂閱或是發佈訊息到特定 MQTT **主題（topic）**上。MQTT 的主題為一個階層性的結構，透過斜線「/」來區別，有點類似網際網路的網址。舉例來說，一個在廚房的溫度感測器可能就會發佈訊息到 MQTT 主題：感測器／溫度／家裡／廚房（實際寫程式時要用英文）。在訂閱主題時，則有特定的**通用符（wildcards）**可以使用，包含「+」以及「#」，讓我們可以接收到同階層的訊息。我們在下一節的範例中會再詳細介紹其用法。

下圖是一個更實際的例子。兩個感測器發佈資料到不同的 MQTT 主題，而訊息仲介則根據不同的訂閱方式轉發訊息。其中資料庫訂閱了主題「數據/+」，代表數據下的所有階層，所以會收到「數據/溫度」以及「數據/落塵」。而行動裝置因為只有訂閱「數據/溫濕度」，所以只會收到溫濕度資訊。MQTT 這樣獨特的架構使得整個物聯網網路具有很好的延展性，您可以隨時新增裝置到網路中以及設定相關規則。例如圖中的電腦，除了可以向 MQTT 仲介訂閱資料外，還可以隨時連線到資料庫下載所有資料。

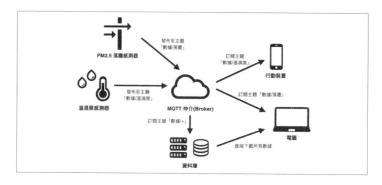

圖 8-5b　MQTT 架構

建立 AWS IoT 元件

在瞭解 AWS IoT 的架構後，現在我們就來進行實際的操作。要讓您的 IoT 裝置 (也就是 7688 Duo) 連上 AWS IoT，首先您必須在 AWS IoT 裡建立一個 IoT 元件，而該元件的所有活動都將會記錄在您的 AWS IoT 帳號裡。請照著以下的步驟以建立元件：

STEP1．

登入您的 AWS 帳號並進入 AWS IoT 頁面。選擇**建立元件（Create a thing）**，並輸入您想要的名稱，如圖 8-6 所示。這裡我們輸入 test。如果您想要為您的元件加入更多說明，可以點選**新增屬性（Add Attribute）**，不過那並非必要。

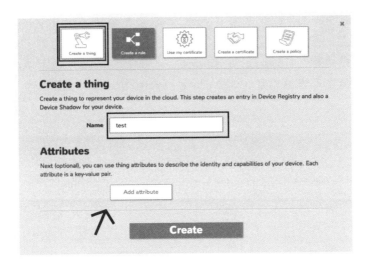

圖 8-6 建立一個新的 IoT 元件。

STEP2‧

選擇檢視**元件（View thing）**，您將會看到該元件的相關資訊，如圖 8-7 所示。

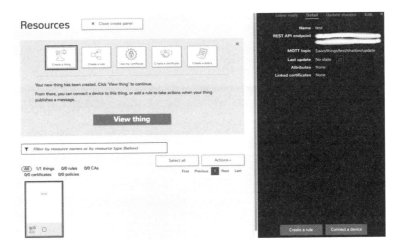

圖 8-7 檢視元件相關資訊。

STEP3‧

如同在上一節所提到的，任何 IoT 裝置與 AWS IoT 的連線聯繫都經由 X.509 憑證所保護。因此要讓裝置連上 AWS IoT，我們需要建立一個 X.509 憑證。

除了憑證外，IoT 裝置還需要透過 AWS 產生**協定（policy）**以授權裝置與 AWS 之前的連線。要產生這些東西，請點選您剛剛新增的 AWS IoT 裝置，點選**連接裝置（Connect a device）**。接著在裝置列選擇 **Arduino Yún**，並點選**產生憑證與協定（Generate certificate and policy）**，如圖 **8-8** 所示。

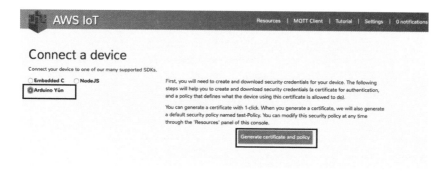

圖 **8-8** 產生憑證與協定。

STEP4 ·

完成後，**下載憑證（Download certificate）**以及**私人金鑰（Download private key）**到您的電腦中，我們之後就會用到它們，最後點選確認並開始連接（Confirm & start connecting），如圖 8-9 所示。

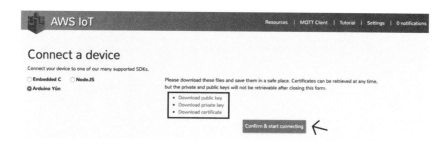

圖 **8-9** 下載憑證與私人金鑰到電腦中。

STEP5 ·

點選確認後您會看到 AWS 幫您產生的一段程式碼，如圖 8-10 所示。請把它複製並存在一個文字檔中。這段程式碼定義了裝置、憑證以及協定的名稱，我們等下需要把這段程式加到 Arduino 的程式碼中。

AWS IoT Arduino Yun SDK

Download the AWS IoT Arduino Yun SDK.

Set up the SDK using the instructions in our README on GitHub.

Add in the following sample code based on your account, Thing, and new certificate:

```
// Copy and paste your configuration into this file
//==========================================================
#define AWS_IOT_MQTT_HOST "████████████████████.amazonaws.com"
// your endpoint
#define AWS_IOT_MQTT_PORT 8883
// your port
#define AWS_IOT_CLIENT_ID      "test"
// your client ID
#define AWS_IOT_MY_THING_NAME "test"
// your thing name
#define AWS_IOT_ROOT_CA_FILENAME "root-CA.crt"
// your root-CA filename
#define AWS_IOT_CERTIFICATE_FILENAME "████████████████.crt"
// your certificate filename
#define AWS_IOT_PRIVATE_KEY_FILENAME "████████████.key"
// your private key filename
//==========================================================
```

圖 8-10 複製並儲存此段程式碼，之後將用在 Arduino 程式中。

AWS IoT 開發套件（AWS IoT Arduino Yún SDK）

AWS IoT 提供了以 C 語言為基礎的**開發套件（Software Development Kit, SDK）**供我們使用，此開發套件可直接支援三個平台：Arduino Yún、嵌入式 C（供 Linux 以及其他即時作業系統使用）、以及 JavaScript runtime 套件（給有支援 Node.js 的平台使用）。7688 Duo 本身可使用任一個 SDK，不過由於 7688 Duo 相容於 Arduino Yún，這裡我們就以其作為主要工具，這也是為什麼我們在上一節在產生憑證與金鑰時請您選擇 Arduino Yún。請至 AWS Arduino Yún 的 Github 上下載最新的 SDK：https://github.com/aws/aws-iot-device-sdk-arduino-yun/

在畫面中選取**複製或下載（Clone or download）**，選擇**下載壓縮檔（Download ZIP）**，如圖 8-11 所示，下載完後請解壓縮至桌面。

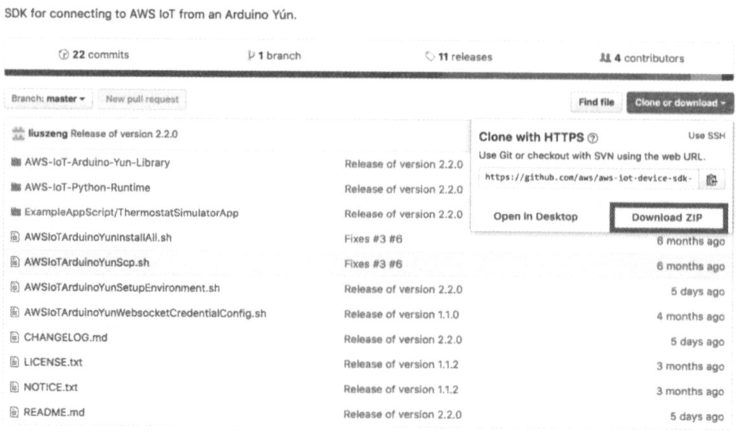

SDK for connecting to AWS IoT from an Arduino Yún.

⊙ 22 commits	⑂ 1 branch	◇ 11 releases	♔ 4 contributors

Branch: master ▾   New pull request   Find file   Clone or download ▾

liuszeng Release of version 2.2.0

	Clone with HTTPS ⑦	Use SSH
📁 AWS-IoT-Arduino-Yun-Library	Release of version 2.2.0	Use Git or checkout with SVN using the web URL.
📁 AWS-IoT-Python-Runtime	Release of version 2.2.0	https://github.com/aws/aws-iot-device-sdk-
📁 ExampleAppScript/ThermostatSimulatorApp	Release of version 2.2.0	
📄 AWSIoTArduinoYunInstallAll.sh	Fixes #3 #6	Open in Desktop Download ZIP
📄 AWSIoTArduinoYunScp.sh	Fixes #3 #6	6 months ago
📄 AWSIoTArduinoYunSetupEnvironment.sh	Release of version 2.2.0	5 days ago
📄 AWSIoTArduinoYunWebsocketCredentialConfig.sh	Release of version 1.1.0	4 months ago
📄 CHANGELOG.md	Release of version 2.2.0	5 days ago
📄 LICENSE.txt	Release of version 1.1.2	3 months ago
📄 NOTICE.txt	Release of version 1.1.2	3 months ago
📄 README.md	Release of version 2.2.0	5 days ago

圖 8-11 下載 AWS Arduino Yún SDK。

接著我們要複製憑證以及金鑰到 SDK 的目錄中，除了您從 AWS 取得的私人金鑰以及憑證外，我們還需要 AWS IoT 的數位憑證認證機構（Certificate Authority）憑證檔，此檔案可從賽門鐵克（Symantec，防毒軟體供應商）的網站上下載：

https://www.symantec.com/content/en/us/enterprise/verisign/roots/
VeriSign-Class%203-Public-Primary-Certification-Authority-G5.pem

（Google 短網址：https://goo.gl/inXOhV）

請將此檔案另儲存為 root-CA.crt，並將其連同私人金鑰以及憑證複製到資料夾 AWS-IoT-Arduino-Yun-SDK/AWS-IoT-Python-Runtime/certs/。由於 AWS IoT Arduino Yún SDK 使用到了 Yún Bridge 函式庫，我們需要登入 7688 Duo 並啟用它以及一些相關設定。7688 Duo 已經將這些相關設定全部集合起來內建於一個 UCI 設定檔中，所以我們只要啟用它即可。請開啟終端機或是 PuTTY ，並 SSH 登入 7688 Duo：

```
>ssh root@myLinkIt.local
```
接下來啟用 UCI 設定檔並重新啟動 7688 Duo：
```
>uci set yunbridge.config.disabled='0'
>uci commit
>reboot
```

在 7688 Duo 重啟後就可以開始安裝 SDK 了，以下分不同的作業系統介紹。

Mac OS/Linux

開啟終端機，將目錄指定到 SDK 資料夾 AWS-IoT-Arduino-Yun-SDK，並使用 chmod 指令更改批次檔 AWSIoTArduinoYunInstallAll.sh 的權限，以確保它可以正常執行：

>cd AWS-IoT-Arduino-Yun-SDK
>chmod 755 AWSIoTArduinoYunInstallAll.sh

接下來我們就可以執行該批次檔，此檔案會自動幫我們在 7688 Duo 上下載與安裝所有我們需要的套件（distribute、python-openssl、pip 與 AWSIoTPythonSDKv1.0.0）。請確保 7688 Duo 與您的電腦都已連上同一個網路。

>./AWSIoTArduinoYunInstallAll.sh <IP 位置 >< 使用者名稱 >< 密碼 >

其中 IP 位置使用 myLinkIt.local 即可。這個指令會需要幾分鐘的時間完成，在過程中您會看到畫面不斷跑出套件的安裝進度。在安裝完成前請不要關掉終端機。

CAVEDU 說：

UCI 是 "Unified Configuration Interface" 的縮寫，為 OpenWrt 的中央設定工具。基本上，所有的重要設定都透過它完成，而這些設定通常都攸關系統的主要功能。UCI 常出現在路由器或是其他嵌入式裝置的網路介面裡，也就是說，這些裝置在預設情況下應該都要有已經建立好的 UCI 設定。

最後安裝 Arduino 函式庫。複製資料夾 AWS-IoT-Arduino-Yun-SDK/AWS-IoT-Arduino-Yun-Library 到您的 Arduino 函式庫路徑下，Mac OS 上預設為 Documents/Arduino/libraries。複製完成後重新啟動 Arduino，您就可以看到 AWS IoT 的範例。之後若是您想要上傳新的憑證與金鑰檔到 7688 Duo，除了自己使用 scp 指令外，也可以透過執行批次檔 AWSIoTArduinoYunScp.sh，用法如下：

>./AWSIoTArduinoYunScp.sh<IP 位置 >< 使用者名稱 >< 密碼 >< 檔案 >< 目的地 >

請記得終端機路徑要先切換到 AWS-IoT-Arduino-Yun-SDK。使用這個批次檔的好處是它可以幫您上傳整個目錄，所以您可以直接上傳整個 certs 資料夾：

>./AWSIoTArduionYunScp.sh myLinkIt.local root< 密 碼 >./AWS-IoT-Python-Runtiom/certs/root/AWS-IoT-Python-Runtime/

Windows

在安裝之前，請先安裝 WinSCP。WinSCP 是在 Windows 中使用 SSH 的開放原始碼的圖形化程式，提供 SFTP 用戶端 。WinSCP 同時也支援 SCP 通訊協定。它主要的功能是安全的在電腦間傳輸檔案。安裝完後，使用它將 AWS-IoT-Python-Runtime/ 資料夾上傳到 7688 Duo 的根目錄。記得憑證、私人金鑰以及數位憑證必須已在 certs 資料夾裡。

接著使用 Putty 登入到 7688 Duo，並執行以下指令以安裝 SDK 以及相關套件：
>opkg update
>opkg install distribute
>opkg install python-openssl
>easy_install pip
pip install AWSIoTPythonSDK==1.0.0

此步驟會需要幾分鐘的時間完成。最後，複製資料夾 AWS-IoT-Arduino-Yun-SDK/AWS-IoT-Arduino-Yun-Library 到您安裝 Arduino 函式庫的地方 ，完成後重新啟動 Arduino，您就可以看到 AWS IoT 的範例。

上傳資料至 AWS

AWS IoT Arduino Yún SDK 提供了三個範例，這裡我們介紹其中一個範例：BasicPubSub。此範例示範了一個簡單的 MQTT 發佈以及訂閱功能，您可以透過這個範例來測試 7688 Duo 是否真的可以連上您的 AWS IoT 元件。

當您開啟 BasicPubSub 時，您會看到同時還有一個標頭檔 aws_iot_config.h 也被開啟。您必須貼上之前在 AWS 上取得的程式碼（圖 8-11），取代此標頭檔的第 21-27 行，以讓 7688 Duo 順利連上 AWS，如圖 8-12 所示。如前所述，這段程式碼定義了裝置、憑證以及協定的名稱。

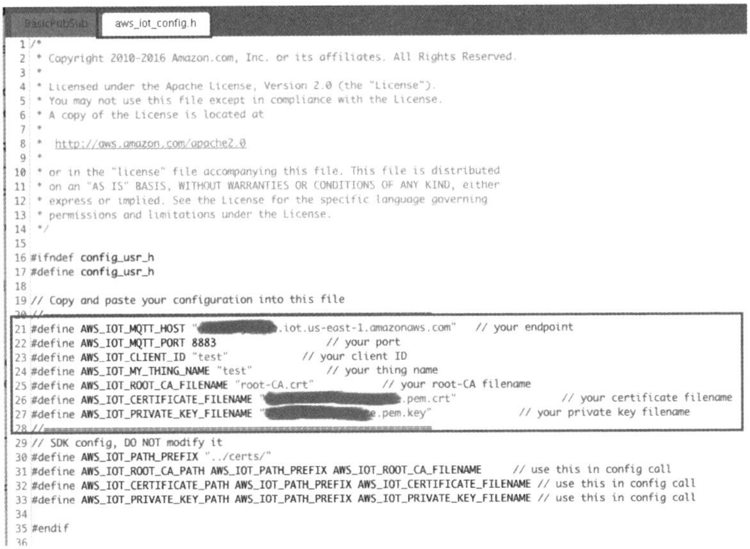

圖 8-12 在 aws_iot_config.h 貼上裝置的連線資訊。

接下來介紹此程式與 SDK 有關的語法，之後若是您要撰寫自己的程式，這些都是必要步驟：

宣告一個 AWS IoT 的 MQTT 用戶端

程式碼 Basic PubSub.ino

```
20      aws_iot_mqtt_client myClient;
```

在 setup() 裡，設定 Serial 通訊，並連線至 AWS，若是有錯誤則顯示到 Serial monitor 上。

```
40      Serial.begin(115200);
        ...
47      if((rc = myClient.setup(AWS_IOT_CLIENT_ID)) == 0) {
48          // Load user configuration
49          if((rc = myClient.config(AWS_IOT_MQTT_HOST, ... == 0) {
50              // Use default connect: 60 sec for keepalive
51              if((rc = myClient.connect()) == 0) {
52                  success_connect = true;
                    ...
```

```
58                }
59                else {...}
         }
             else {...}
         }
         else {...}
         ...
```
以
下
省
略

同樣在 setup()，訂閱一個 MQTT 主題 topic1 並等待 2 秒，若是有錯誤同樣會顯示。

```
54      if((rc = myClient.subscribe("topic1", 1, msg_callback)) != 0) {
55          Serial.println(F("Subscribe failed!"));
56          Serial.println(rc);
57      }
        ...
74      delay(2000);
```

在 loop() 裡，每隔 5 秒使用 publish 指令發佈訊息到所訂閱的主題中，並使用 yield 指令檢查所訂閱主題回傳的訊息。此指令另外還會檢查連線狀態以及釋放多餘的資源，若是迴圈上傳資料的時間間隔大於 10 秒，在這 10 秒內您必須至少呼叫 yield 指令兩次，以維持連線穩定。

```
80      sprintf(msg, "new message %d", cnt);
81      if((rc = myClient.publish("topic1", msg, strlen(msg), 1, false)) !=
    0) {
82          Serial.println(F("Publish failed!"));
83          Serial.println(rc);
84      }
        ...
87      if((rc = myClient.yield()) != 0) {
88          Serial.println(F("Yield failed!"));
89          Serial.println(rc);
90      }
        ...
96      delay(5000);
```

若是您在執行程式時看到錯誤代碼 -1，請試著重新上傳程式到 7688 Duo 裡。若是收到其他錯誤代碼，那表示您的 AWS IoT 環境沒有建立好，請檢查您是否有漏掉前面所提到的步驟。

8-3 配置與測試規則引擎（Rule Engine）

建立規則

上一節介紹了 AWS IoT 的基本架構以及環境建置，透過範例 BasicPubSub，我們已經有辦法上傳資料到 AWS 了，不過本範例僅僅是用來測試 7688 Duo 與 AWS 之間的連線是否正常。在前面我們有提到，AWS IoT 強大的地方在於透過規則引擎結合其他 AWS 服務，而 AWS IoT 其實也不過是讓您的裝置可以連上 AWS 的手段而已。現在就讓我們以 AWS 的資料庫服務 DynamoDB 為例，說明如何透過 7688 Duo 將溫濕度感測器的資料上傳到 AWS IoT 並轉存到 DynamoDB 中。

請回到 AWS IoT 的主頁面，點選您的 AWS IoT 裝置，並選擇**建立規則（Create a rule）**，如圖 8-13 所示。

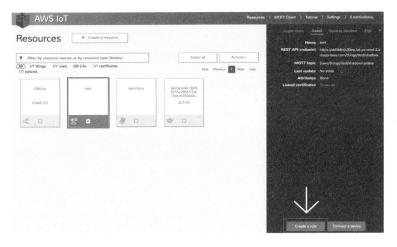

圖 8-13 點選 AWS IoT 元件並選擇建立規則（Create a rule)。

接下來就會進到設定的頁面。首先是規則的**名稱（Name）** 與**描述（Description）**，您可以任意輸入，再來則是設定如何過濾 AWS 收到的訊息。請在屬性（Attribute）輸入「＊」，屬性決定要讀取訊息的哪一部分，輸入「＊」

代表接收整段訊息，這邊基本上不需要更動。在**主題篩選器（topic filter）** 欄位中，請輸入「data/+」。這個是您上傳資料時要用的 MQTT 主題名稱，其中「+」為一個通用符號，代表 data 下符合該階層的資料。舉例來說，假如您訂閱了 data/+/room1 這個主題，您會收到被發佈至「data/moisture/room1」以及「data/temperature/room1」的資料。除了「+」以外，您還可以用「#」通用符號，其代表所有符合該階層的所有子集。舉例來說，若是您訂閱「data/#」，就會收到被發佈到「data/」、「data/temp」、「data/temp/room1」的資料，但是不會收到被發佈到 data 的資料 (要有斜線)。請參考圖 8-14 以確認所要輸入的內容。

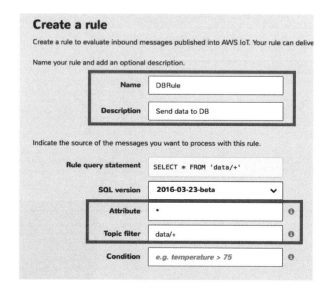

圖 8-14 輸入規則名稱與描述、以及如何過濾訊息。

接著就要選擇 AWS IoT 收到資料後要執行的動作。請選擇 AWS 的雲端資料庫服務 DynamoDB，接著點選建立新參考資源（Create a new resource），如圖 8-15 所示。

圖 8-15 選擇 AWS IoT 收到資料後要執行的動作，並點選建立新參考資源。

　　點選完後瀏覽器就會自動開一個新分頁並進入 AWS DynamoDB 的畫面， 請點選**建立表格（Create table)**）以進入設定畫面，如圖 8-16 所示。這裡我們要建立一個表格以儲存 7688 Duo 上傳的資料。首先輸入**表格名稱（Table name）**，這裡我們用 testUpload，您可以使用自己想要的名稱。在 **主鍵（Primary key）** 的地方，請輸入「data」，並勾選新增**排序鍵（Add sort key）**，在其欄位輸入「type」。DynamoDB 會依據關鍵字把資料分到不同的欄位。因為我們的範例是要上傳溫濕度感測器的數據，所以會有兩種資料，透過輸入恰當的關鍵字，可以讓我們的資料在上傳時就被分類到相對應的欄位。

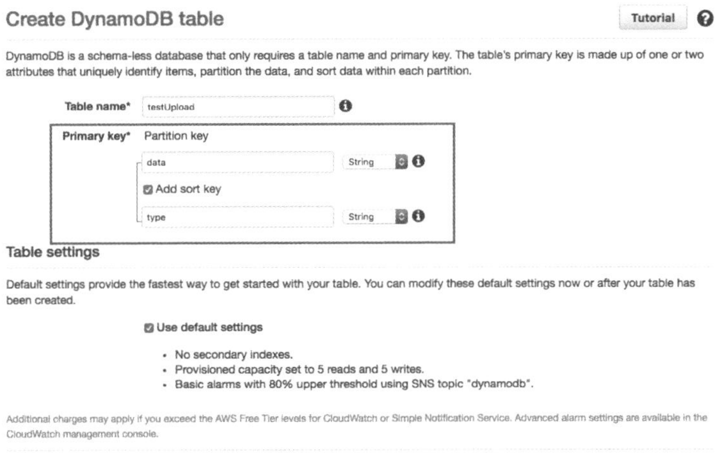

圖 8-16 建立 DynamoDB 表格以儲存 7688 Duo 上傳的溫濕度資訊。

　　輸入完成後點選**建立（Create）**，表格就會開始產生，請把此分頁關掉，回到 AWS IoT 的畫面，點選**表格名稱（Table name）** 的下拉式選單，您就會看到剛剛產生的表格了。接著我們要設定相對應的關鍵字。在**雜湊鍵值（hash key value）**的地方，請輸入 $(data)，在**範圍鍵值（Range key value）**的地方，請輸入 $(type)。如此您上傳的 JSON 檔案就會被妥善分類到 DynamoDB 表格裡相對應的欄位。全部輸入完後請點選**建立角色（Create a new role))**，我們需要建立一個登入帳號讓 7688 Duo 上傳的資料可以順利存到 DynamoDB 表格裡。以上說明請參考圖 8-17。

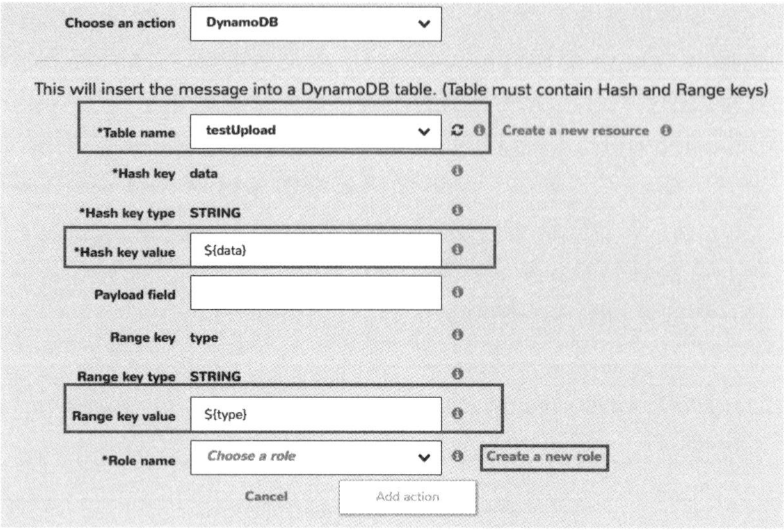

圖 8-17 選取 DynamoDB 表格，輸入通用關鍵字以及範圍關鍵字，並點選建立新登入身份。

　　接下來就會進入 AWS IAM 的頁面，這邊基本上不需要做任何更動，直接按**允許（Allow）**即可，如圖 8-18 所示。

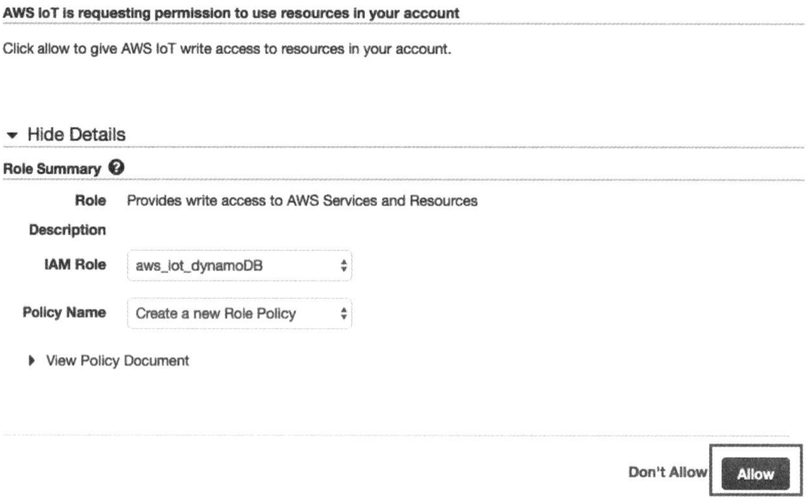

圖 8-18 直接按允許即可。

　　最後請點選**新增動作（Add action）**以產生規則，如圖 8-19 所示。

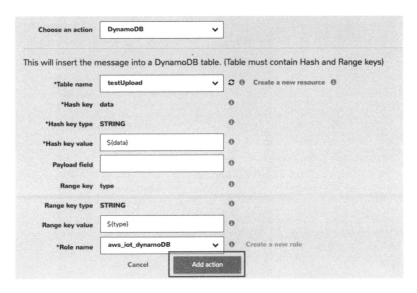

圖 8-19 全部完成後點選新增動作以建立規則。

到此就大功告成了，回到主頁面後您就會看到新產生的規則以及裝置連線**授權（policy）**，如圖 8-20 所示。

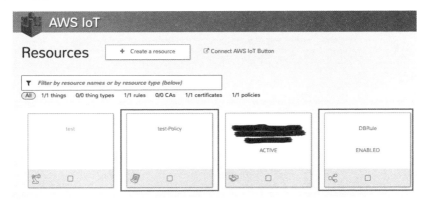

圖 8-20 回到主頁面就會看到新建立的規則以及連線授權。

使用 MQTT Client 發佈訊息

建立好規則後，我們可以使用 AWS IoT 上的 MQTT Client 來測試規則是否正常運作。請在主畫面點選 MQTT Client，如圖 8-21 所示。

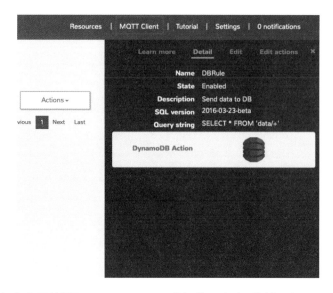

圖 8-21 在主畫面的選取 MQTT Client，我們將用它來測試規則是否正常運作。

進到 MQTT Client 後，首先**點選產生客戶端 ID （Generate client ID）**，接著按**連線 （Connect）**，如圖 8-22 所示。

圖 8-22 產生客戶端身份並點選連線。

接著輸入要訂閱的 MQTT 主題。如同一開始所提到的，使用 MQTT 發佈訊息時，有兩個條件：（1）資料必須符合 JSON 格式 （2）必須上傳到正確的 MQTT

主題。 由於我們在產生規則的時候將主題篩選器設為 data，所以在這邊訂閱主題的地方請輸入 "data/+"，如圖 8-23 所示。

圖 8-23 訂閱主題 data/+。

訂閱完主題後您會看到畫面左邊出現了一個訊息視窗，只要有訊息發佈到該主題，就會顯示出來。現在讓我們來發佈訊息。在發布**主題（Publish topic）**的地方請輸入 data/，在內容 (Payload) 的部份，請輸入以下 JSON 格式的資料 ：

```
{
"data" :"78"
"type":"humidity"
}
```

以上說明請參考圖 8-24。輸入完畢後就可以按下**發佈（publish）**，這樣就會把 78 這筆資料上傳到 DynamoDB 表格的 data 欄位，而**濕度（humidity）**就會被上傳到**類型（type）**的欄位。

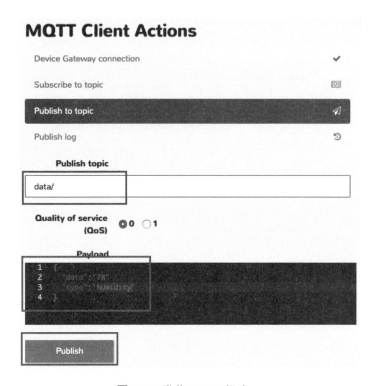

圖 **8-24** 發佈 MQTT 訊息。

　　現在您可以登入到 AWS DynamoDB，打開您在前面所建立的表格，並點選**物件（Items）**分頁，您就會看到剛剛發佈的資料出現在表格中了，如圖 8-25 所示。

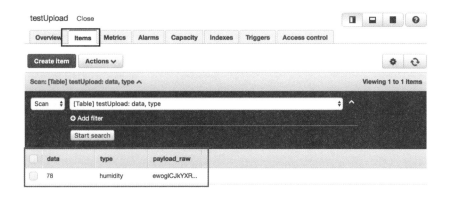

圖 **8-25** 成功發佈資料到 DynamoDB 表格。

接下來要説明如何透過 7688 Duo 上傳資料。事實上基本概念都是一樣的，就是上傳 JSON 檔案到特定 MQTT 主題，我們只要熟悉程式語法即可。

使用 7688 Duo 上傳溫濕度資料

在建立完表格並使用 MQTT Client 測試一切正常後，我們就可以實際使用 7688 Duo 來上傳資料了，請參考範例 TemHumUpload。這裡我們使用 Grove 的擴充板以及溫濕度感測器，請將感測器接到 A0 腳位，腳位圖請參考 P43。在執行程式之前，請先確認您已安裝溫濕度感測器函式庫 DHT sensor library 以及 JSON 函式庫 ArduinoJson。我們使用 ArduinoJson 將溫濕度數據包裝成 JSON 格式，若是您熟悉字串的操作，之後也可以自己使用字串處理的指令。最後請記得修改標頭檔 aws_iot_config.h 以輸入相關的裝置連線資訊（請參考 P191）。

由於此程式有許多地方與第一個範例 BasicPubSub 有許多雷同，這裡我們主要針對不同的地方做介紹：

宣告溫濕度感測器腳位與型號並設定感測器。

程式碼 Tem Hum Vpload

```
07    #define DHTPIN A0    // 溫濕度感測器腳位
08    #define DHTTYPE DHT22    // 感測器型號
...    ...
11    DHT dht(DHTPIN,DHTTYPE);   // 設定溫濕度感測器
```

宣告資料上傳的時間間隔（單位：秒）以及一個大小為 80 位元組的字元陣列，用來儲存要上傳的資料。

```
14    int uploadInterval = 10;   // 資料上傳時間間隔（單位：秒）
...    ...
16    char dataUpload[80];    // 用來儲存要上傳的資料，如果資料較多，請將數字調大
```

在 setup() 裡，初始化溫濕度感測器

```
32    dht.begin();
```

宣告一個固定大小（200 位元組）的 JSON 物件，用來儲存要上傳的 JSON 檔，

以及相對應的物件參考 root，這段程式必須放在 loop() 裡。

```
67        // JSON 物件暫存器 大小為 200 bytes
68        StaticJsonBuffer<200> jsonBuffer;
69        // 宣告一個名為 root 的物件參考
70        JsonObject& root = jsonBuffer.createObject();
```

讀取溫濕度感測器，若是讀取失敗等待 500 ms 後重新讀取。

```
72        // 讀取溫濕度至少需要 250 ms
73        float h = dht.readHumidity();
74        delay(500);
75        float t = dht.readTemperature();
76
77        if (isnan(t) || isnan(h))
78        {
79          Serial.println("Failed to read from the sensor");
80          delay(500);
81          return;
82        }
```

將溫濕度資訊包裝為 JSON 訊息。首先感測器類型 type 為一個陣列，有濕度 (humidity) 以及溫度 (temperature)，資料 data 亦為一個陣列，存有感測器量到的濕度以及溫度，其中方法 createNestedArray 會建立一個陣列；add 則可以新增元素。

```
84        // 產生 JSON 訊息
85        JsonArray& type = root.createNestedArray("type");
86        type.add("humidity"); type.add("temperature");
87
88        JsonArray& data = root.createNestedArray("data");
89        data.add(String(h)); data.add(String(t));
```

以上程式碼的執行結果會產生類似以下的 JSON 訊息：
```
{
        "type": [
                "humidity",
```

```
                    "temperature"
            ],
            "data": [
                    "53.70",
                    "24.20"
            ]
    }
```

(1) 將 JSON 訊息轉為字串以上傳 (root 本身為物件參考，雖然存有 JSON 訊息，但資料型態不是字串，而方法 publish 只能接受字串)。
root.printTo(dataUpload, sizeof(dataUpload));

(2) 使用方法 publish 發佈訊息到 AWS IoT 主題 data/，並使用方法 yield 檢查連線狀態 (每隔十秒要檢查一次)。

```
97        // 發布 JSON 訊息到 AWS IoT 主題 "data/"
98        if ((rc = myClient.publish("data/", dataUpload, strlen(dataUpload),
   1, false)) != 0) {
99            Serial.println(F("publish failed!"));
100           Serial.println(rc);
101       } else {
102           Serial.println("done uploading!");
103       }
104       // 檢查伺服器回傳訊息以及連線狀態
105       for (int i = 0; i < uploadInterval; i++) {
106         if ((rc = myClient.yield()) != 0) {
107           Serial.println("Yield failed!");
108           Serial.println(rc);
109         }
110         delay(1000);
111       }
```

　　上傳程式到 7688 Duo 後，確認程式正確運行之後，請登入您的 AWS DynamoDB，點選相對應的表格檢視 7688 Duo 上傳上來的資料了，如圖 8-26 所示。

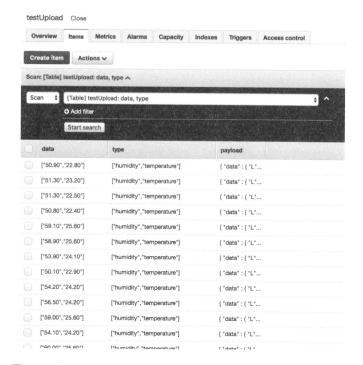

圖 8-26 登入 AWS DynamoDB 以檢視 7688 Duo 上傳的資料。

　　本範例將溫濕度上傳到同一個主題 data/ 裡，您也可以將溫度與濕度上傳到不同的主題，例如 data/temperature 以及 data/humidity。MQTT 的優點之一即是透過發佈與訂閱這樣的機制，您可以很輕鬆地擴張或調整您的物聯網網路。

8-4　總結

　　雖然 AWS IoT 在環境建置上比 MCS 繁瑣許多，但是其可以提供的服務則是應有盡有。請記得，AWS IoT 只是一個讓物聯網裝置可以連上 AWS 的手段，其真正強大的地方在於如何與其他 AWS 服務結合，在本章我們介紹了資料庫應用，您可以嘗試其他服務，例如即時資料串流或是簡訊等等。在使用 AWS 的各項服務時，也請記得先閱讀收費標準以及使用方法。AWS 的收費都是以流量計算，沒有基本費用，所以基本上個人用的話幾乎不會被收太多費用，但是在使用服務時還是要注意流量，以免多了不必要的支出。

補充資料

◎ Amazon AWS IoT 入口網頁：https://aws.amazon.com/tw/iot/

◎ Amazon Web Services Facebook 粉絲團：https://www.facebook.com/amazonwebservices/

◎ AWS IoT Button：https://aws.amazon.com/tw/iot/button/

8-5　延伸挑戰

請參考 8-3 的內容，除了本章所用的溫度感測器之外，再加入其他您所想要使用的感測器。並為它訂定新的訂閱主題，能與先前的溫溼度資料寫入同一個 DynamoDB 資料庫中。

第九章

IBM Bluemix 對話機器人

　　本章將帶您做出時下相當熱門的聊天機器人，使用 7688 Duo 作為終端的聲音接收裝置，並將聲音傳送到 IBM Bluemix 上進行處理之後，再回送 7688 Duo 透過喇叭播放出來。功能簡述如下：

　　◎ 聽：IBM Watson Speech to Text service
　　◎ 說：Google Translate Text to speech (Google 小姐 ~)
　　◎ 對話與整合：7688 + node.js

本章材料：

名稱	數量
LinkIt Smart 7688 Duo	1

9-1 IBM Bluemix 簡介與環境建置

IBM Bluemix 簡介

　　IBM 新一代 PaaS 公有雲平臺──IBM Bluemix，建構在強大的 SoftLayer 之上，並基於開放的雲框架（CloudFoundry），能夠使開發人員大幅度地減少創建和配置應用程式所需的時間，進而專注在開發最優質、創新的應用程式。它橫跨了多種語法，其中包含了 Java、Ruby on Rails、RubySintra、Node.JS…等。支援混合環境、提供多種應用服務例如 SQL DB、NoSQL、緩存等，並利用它來整合網站、行動並進行海量資料分析、智慧設備連網和 IBM 頂尖的 Watson 人工智慧等關鍵能力。（以上文字引用自 https://ilovebluemix.com/）

建立 IBM Bluemix 帳號

　　請由 IBM Bluemix 首頁 https://new-console.ng.bluemix.net 來註冊一個帳號，點選右上角的註冊（Sign Up），填好相關資訊之後請回到您註冊用的電子信箱來啟動您的帳號。

圖 9-1 IBM Bluemix 首頁

請點選儲存空間標籤，您可以看到目前 Bluemix 所提供的各種服務，本專題將使用 Watson 的語音轉文字服務來打造一個聊天機器人。

圖 9-2 Bluemix 服務

登入之後，您需要建立**組織（organization）**與**空間（space）**如圖 9-3、圖 9-4。請記得把區域設定為**美國南部（US South）**，否則某些服務將無法使用，建立成功即可看到如圖 9-5 的畫面。

圖 9-3 建立組織

圖 9-4 建立空間

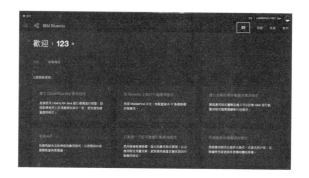

圖 9-5 登入後的個人主控台

安裝 Cloud Foundry

我們需要透過 Cloud Foundry 來從電腦端將相關應用程式與服務發佈到
IBM Bluemix 上去。請根據以下步驟下載所需套件並安裝。Cloud Foundry 支援
各主要作業系統，包含 Windows、MAC OSX、Linux（Debian、Ubuntu、Red
Hat），且有 32 ／ 64 位元等版本。請根據以下步驟來安裝：

STEP1

請開啟以下網頁 https://docs.cloudfoundry.org/cf-cli/install-go-cli.html，
並根據您的作業系統來點選，筆者在此使用 Windows 作業系統來操作。

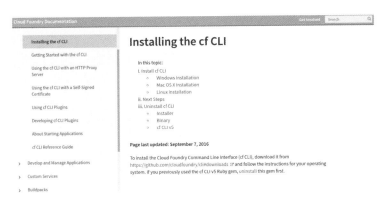

圖 9-6 Cloud Foundry 下載頁面

STEP2．

安裝完成之後，請開啟命令提示字元，輸入以下指令來透過 cf cli 指令工
具來登入 Bluemix API。

cf login -a https://api.ng.bluemix.net

STEP3．

請輸入您註冊 Bluemix 帳號所用的電子郵件與密碼，它會自動鎖定組織與空間，
請注意如果設定錯誤將無法順利登入或建立服務。順利登入後的畫面如下：

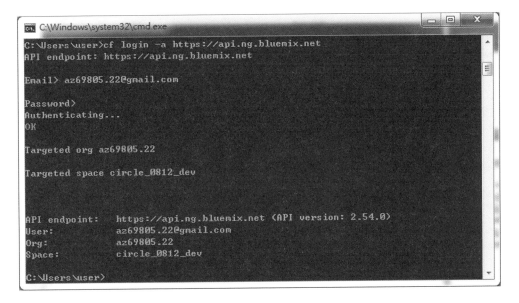

圖 9-7 使用 cf cli 登入 Bluemix

9-2 7688 Duo 端設定

硬體需求

首先我們要在 7688 Duo 端進行一些相關的設定，在此之前請您先準備好以下的硬體設備：

◎ LinkIt Smart 7688 / LinkIt Smart 7688 Duo。

◎ USB 接頭之雙孔音效卡：一個接麥克風一個接喇叭。

◎ 麥克風 / 耳機：如果是個人測試用的話，選用二合一的耳麥就好，如果是要展示用的話，可以用桌上型電腦用的小喇叭。

◎ Micro SD 卡（8G 即可）：插入 7688 Duo 背面之 SD 卡插槽。

硬體設定

接下來要輸入指令來對硬體做相關的設定，請登入 7688 Duo 之後根據以下步驟進行操作：

STEP1·

設定 USB 音效卡。

```
$opkg update
$opkg install kmod-usb-audio
$aplay -l
```

您可用以下指令來試著播放音效檔

```
$aplay -D plughw:1,0 <audio-file.wav>
```

STEP2·

輸入以下指令進入 alsamixer，按下 F6 來選定 USB 音效卡並調整音量等相關設定。

```
$alsamixer
```

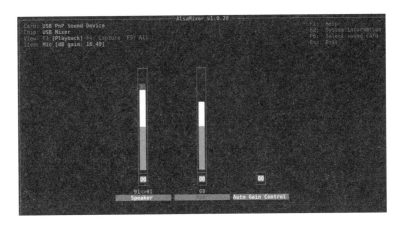

圖 **9-8** alsamixer 設定畫面

STEP3 .

擴充 root 檔案系統到 SD 記憶卡，由於 7688 Duo 本身的記憶體空間不
足以容納本專案所需的軟體套件，因此需要外接 Micro SD 記憶卡。請在終
端機輸入以下指令來看看板子本身的記憶體空間。

$ df -h

在此我們使用 16G 的 SD 記憶卡，但 8G 就很夠了。從圖 9-9 中可看到由於
尚未裝載 SD 卡，所以可用空間非常小。

```
root@mylinkit:~# df -h
Filesystem              Size      Used Available Use% Mounted on
rootfs                 10.7M    532.0K     10.2M   5% /
/dev/root              20.0M     20.0M         0 100% /rom
tmpfs                  61.7M    248.0K     61.4M   0% /tmp
/dev/mtdblock6         10.7M    532.0K     10.2M   5% /overlay
overlayfs:/overlay     10.7M    532.0K     10.2M   5% /
tmpfs                 512.0K         0    512.0K   0% /dev
```

圖 **9-9** 未裝載 SD 卡前的記憶體空間

STEP4 .

安裝所需軟體套件。請在終端機中依序輸入以下指令來安裝本專案所需的
軟體套件。

$ opkg update

$ opkg install block-mount kmod-fs-ext4

$ opkg install kmod-usb-storage-extras e2fsprogs fdisk

STEP5 ·

請輸入以下指令將 SD 卡格式化為 ext4 檔案格式系統。
$mkfs.ext4 /dev/mmcblk0

STEP6 ·

將 root 檔案格式系統搬到 SD 卡中。
$mount /dev/mmcblk0 /mnt
$tar -C /overlay -cvf - . | tar -C /mnt -xf -umount /mnt

STEP7 ·

設定 fstab。接下來要生成 file system table，讓系統下次啟動時會自動掛
載指定的磁碟就是現在使用的 Micro SD 記憶卡。在這邊要修改其設定，使
得 7688 Duo 重啟後會將調整過的系統擴展到 SD 卡中。請先安裝 nano 文
字編輯器，並開啟 fstab 檔案，將 option target 後的內容改為 /overlay，
以及 option enabled 後的內容改為由 0 改為 1，操作畫面如圖 9-10：
$opkg install nano
$block detect > /etc/config/fstab
$nano /etc/config/fstab

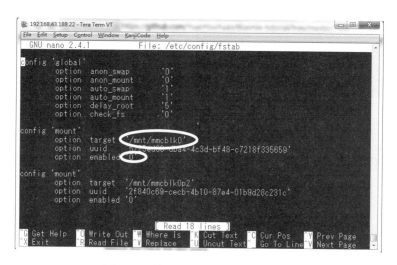

圖 9-10　使用 nano 修改 fstab 內容

將 7688 Duo 關機之後重新開機。接著再次檢查記憶體空間,您可以看到 rootfs 可用的空間變大了。

$reboot

$df -h

```
root@mylinkit:/# df -h
Filesystem            Size      Used Available Use% Mounted on
rootfs               14.1G     38.8M    13.3G   0% /
/dev/root            20.0M     20.0M        0 100% /rom
tmpfs                61.7M    244.0K    61.4M   0% /tmp
/dev/mmcblk0         14.1G     38.8M    13.3G   0% /overlay
overlayfs:/overlay   14.1G-    38.8M    13.3G   0% /
tmpfs               512.0K         0   512.0K   0% /dev
```

圖 9-11 擴充之後的記憶體空間

9-3 新增 Bluemix 服務

新增 Bluemix Speech to Text 服務

在 7688 Duo 端設定完成之後,現在請回到您的電腦,我們要透過 cf cli 新增一個 Bluemix Speech to Text 服務。請在命令提示字元依序輸入以下指令:

cf create-service speech_to_text standard my-stt-service

cf create-service-key my-stt-service stt-cred

cf service-key my-stt-service stt-cred

執行後,您會取得語音轉文字服務的憑證,如圖 9-12,請將使用者名稱 (username)與密碼(password)記下來,或另存一個檔案,之後就會用到。

```
> Getting key stt-cred for service instance my-stt-service as az6980522+0910@gmail.com...

{
 "password": "NBBOzZJ80NSr",
 "url": "https://stream.watsonplatform.net/speech-to-text/api",
 "username": "4ed4c427-1972-4359-b321-9be6fc716e18"
}
```

圖 9-12 順利取得語音轉文字服務的憑證

發佈程式到 7688 Duo

請再次回到 7688 Duo 的終端機畫面並透過以下指令來複製本專案的原始碼。

$curl -L https://github.com/YuanYouYuan/7688-note/raw/master/ch2-application-with-bluemix/code/7688-dialog-robot.tar.gz | tar zxv

上述指令會將本專案的 Github 專案複製下來並直接解壓縮。接下來請到 7688-dialog-robot 資料夾，輸入以下指令來執行 parse-stt-cred.py，此程式將會提示您填上語音轉文字服務所需要的帳號及密碼並存成 stt-cred.json 檔。

$python parse-stt-cred.py

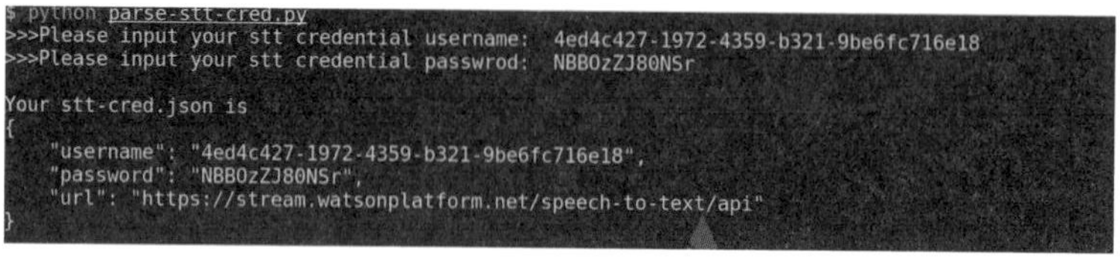

圖 **9-13** 使用 Python 程式來生成 stt-cred.json

程式碼 stt-cred.json

```
01    {
02        "username": "4ed4c427-1972-4359-b321-9be6fc716e18",
03        "password": "NBBOzZJ80NSr",
04        "url": "https://stream.watsonplatform.net/speech-to-text/api"
05    }
```

執行時，會先用 jsons.load 函式將儲存憑證的 stt-cred.json 檔案轉成 Python 的資料結構之後存入 stt_cred 變數中（04、05）。接著，Python 會詢問您的憑證使用者名稱與密碼（08、09），依序輸入之後，會透過 json.dumps 函式把 stt-cred.json 內容再次編碼為 JSON 格式後存入 text 變數中（13）。最後，將 text 變數內容顯示於 console（15）並寫回檔案（16）。

程式碼 parse-stt-cred.py

```
01    import json
02    import sys
03
04    with open('stt-cred.json', 'r') as f:
05        stt_cred = json.load(f)
06    with open('stt-cred.json', 'w') as f:
07        if sys.version_info[0] < 3:
```

```
08        stt_cred['username'] = raw_input('>>>Please input your stt
   credential username:  ')
09        stt_cred['password'] = raw_input('>>>Please input your stt
   credential password:  ')
10          else:
11        stt_cred['username'] = input('>>>Please input your stt credential
   username:  ')
12        stt_cred['password'] = input('>>>Please input your stt credential
   password:  ')
13          text = json.dumps(stt_cred, indent = 4)
14          print("\nYour stt-cred.json is")
15          print(text)
16          f.write(text)
```

　　最後來看看看 app.js 內容吧。前 4 行程式匯入了本範例所需用到的函式庫，並於第 05 行將 my-stt-crendential.json 的 JSON 解析結果存入 cred 變數中。

　　06 ～ 10 行用 cred 變數中的帳號與密碼去註冊一個 Watson 語音轉文字的物件，13 ～ 17 行的大括弧中設定了語音轉文字的服務參數，zh-CN 表示中文，並用 wav 音檔格式傳送，過程中語音將會不斷地送出到雲端做辨識，所以設定成 continuous（連續）。

　　19 ～ 31 行使用之前設定的參數來建立一個語音辨識串流，由 7688 Duo 將收到的音訊檔透過網路上傳到 Bluemix 的 Watson 語音轉文字服務，並等候其辨識結果。最後會在 25 ～ 30 行拆解辨識回傳的結果（json 格式）。

　　34 ～ 54 行是將辨識結果的文字進行簡單的篩選，並做出適當的回應，有興趣的讀者可以試著加上更多的片語、關鍵字來增加對話的的內容喔。

程式碼 app.js

```
01     var watson = require('watson-developer-cloud');
02     var speak = require('./say');
03     var fs = require('fs');
04     var cp = require('child_process');
05     var cred = JSON.parse(fs.readFileSync('./my-stt-crendential.json'));
06     var stt = watson.speech_to_text({
07        username: cred.credentials.username,
08        password: cred.credentials.password,
09     version: 'v1'
10     });
```

```
11
12      function listen() {
13      var params = {
14      model: 'zh-CN_BroadbandModel',
15      content_type: 'audio/wav',
16      continuous: true
17          };
18
19      var recognizeStream =  stt.createRecognizeStream(params);
20      var record = cp.spawn('arecord', ['--device=plughw:1,0', '--
    rate=22000']);
21      record.stderr.pipe(process.stderr);
22      record.stdout.pipe(recognizeStream);
23      recognizeStream.setEncoding('utf-8');
24      recognizeStream.on('results', function(data) {
25         if(data.results[0] && data.results[0].final &&
        data.results[0].alternatives) {
26                      console.log(JSON.stringify(data, null, 2));
27         dialog(data.results[0].alternatives[0].transcript);
28              }
29         });
30      }
31
32      function dialog(text) {
33         if (String(text).indexOf('不好') > -1)
34         speak('我好難過嗚嗚嗚嗚');
35      else if (String(text).indexOf('好') > -1)
36         speak('你好啊,我是 7688');
37      else if (String(text).indexOf('介') > -1)
38         speak('大家好,我叫 7688,我來自 CAVEDU,我會陪你聊天,還會講笑話跟唱歌,
    請多指教');
39      else if (String(text).indexOf('安') > -1)
40      speak('安安啊');
41      else if (String(text).indexOf('名') > -1)
42      speak('我叫 7688');
43      else if (String(text).indexOf('笑') > -1)
44         speak('有一個人名字叫小菜然後它就被端走了');
45      else if (String(text).indexOf('唱') > -1)
```

```
46          speak(' 啊啊啊啊啊啊啊啊啊 ');
47          else if (String(text).indexOf(' 听 ') > -1)
48          speak(' 我好難過嗚嗚嗚嗚嗚 ');
49      else
50              speak(' 可以再説一次嘛 ');
51          console.log(text);
52      }
53
54      listen();
```

執行 app.js 主程式

請將 USB 音效卡透過 OTG 轉接線接到 7688 Duo 的 USB Host 接頭，再接上麥克風與喇叭，並輸入以下指令來執行 app.js 主程式。

$node app.js

請記得開喇叭喔！圖 9-14 是 7688 Duo 在執行程式時的 terminal 畫面，可以看到畫面中不斷顯示 Watson 丟回來的辨識結果，格式為 json。由於口音與實際收音的效果，每次辨識的結果並不一定相同，也會根據網路連線速度有一定的延遲。

由圖 9-14 可看到，你好會被辨識成「離 好」、「黎 好」等等，搭配相關的 confidence 參數就可以知道您的口音是否標準了。

圖 9-14 聊天機器人執行畫面

9-4 總結

　　本章介紹了如何使用 7688 Duo 結合 IBM Bluemix 雲服務來打造一台聊天機器人，雖然在設定上稍微複雜了點，但您可以發現專題的豐富性可是大大提升了呢！下一章將改用微軟的認知服務來結合 7688 Duo 的影像串流功能，讓您可以多方比較這些雲服務之間的差異。

補充資料

　　本章範例之 Github：https://github.com/YuanYouYuan/7688-note/
　　操作影片：https://youtu.be/Smp5kGfYSCE
　　IBM Bluemix 論壇：https://ilovebluemix.com/

9-5 延伸挑戰

1. 請修改程式碼 app.js，在其中加入更多對話字串，讓您的對話機器人可以講出更多豐富的對話。

2. 請結合第六章的範例，讓機器人收到指定的語音指令之後可以亮起不同的燈號。

3. 請將第六章的 6-4 遙控機器人改成可搭配 IBM Bluemix 雲服務之語音遙控版本。

第十章

微軟認知服務

本章將使用 7688 Duo（7688 也可以）結合微軟認知服務下的 Face API，連到 7688 Duo 的影像串流 IP 之後會不斷偵測畫面中是否辨識到人臉，並將相關資訊（年齡與情緒）呈現在網頁上。

本章材料：

名稱	數量
LinkIt Smart 7688 Duo	1
Logitech C170	1
USB 傳輸線 A 母對 MicroB 公	1

10-1 微軟認知服務

什麼是微軟認知服務（Cognitive Services）？

前陣子幾乎人人都玩過的 How-Old.net 就是運用了微軟認知服務的技術來判斷照片中是否有人臉以及年齡判斷等等。更多微軟認知服務的資訊與教學，請參考原廠網站：https://www.microsoft.com/cognitive-services/en-us/apis。

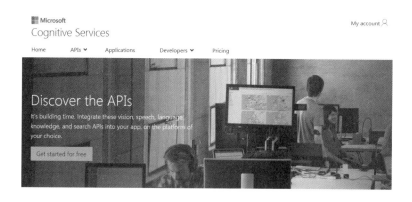

圖 **10-1** 微軟認知服務首頁

微軟五大類認知服務

微軟認知服務共分為以下五大類共 23 種服務，各項服務都有線上展示，歡迎每個都玩玩看 (如圖 10-2)：

圖 10-2 目前的 API

視覺 Vision
◎ 電腦視覺 Computer Vision

◎ 情緒 Emotion

◎ 臉孔 Face

◎ 影像 Video

語音 Speech
◎ Bing 語音服務 Bing Speech

◎ 自訂辨識 Custom Recognition

◎ 說話者辨識 Speaker Recognition

語言 Language
◎ Bing 拼音檢查 Bing Spell Check

◎ 語言理解 Language Understanding

◎ 語意分析 Linguistic Analysis

◎ 文字分析 Text Analysis

◎ WebLM

知識 Knowledge
◎ Academic

◎ Entity Linking

◎ Knowledge Exploration

◎ Recommendations

搜尋 Search
◎ Bing 自動搜尋建議 Bing Autosuggest

◎ Bing 影像搜尋 Bing Image Search

◎ Bing 新聞搜尋 Bing News Search

◎ Bing 影像搜尋 Bing Video Search

◎ Bing 網路搜尋 Bing Web Search

Face API 與 Emotion API 簡介

本章範例會先偵測來自 7688 Duo 串流影像中的臉孔，再接續判斷其情緒。其中用到的是 Face API 下的**偵測（Detect）**與 Emotion API 裡的**情緒辨識（Emotion Recognition with Face Rectangles）**功能。我們將這二個 API 的資訊自微軟認知服務頁面整理出，讓您對它們有初步的瞭解。

Face - Detect

Face API 可以偵測人類臉孔並回傳臉孔的位置，以及 faceId 等相關屬性，包含年齡、性別、笑容強度、髮型、頭部姿勢以及是否戴眼鏡等等。faceId 會在偵測呼叫後的 24 小時過期。

Emotion API

臉孔情緒辨識（Emotion Recognition with Face Rectangles）可辨識一張圖中一或多位人物的情緒，可偵測到的情緒包含快樂（happniess）、哀傷（sadness）、驚訝（surprise）、生氣（anger）、害怕（fear）、輕視（contempt）、噁心（disgust）與無情緒（neutral）。

CAVEDU 說：

在 Face API 與 Emotion API 中有一些相同的技術規格我們將它整理並說明如下：

◎ 支援的圖檔格式有 JPEG、PNG、GIF（第一幀）與 BMP。圖檔尺寸需小於 4MB 之間。

◎ 可偵測的臉孔尺寸為 36x36 到 4096x4096 像素之間，無法偵測超過此範圍的臉孔。

◎ 一張圖中最多可偵測到 64 張臉孔。回傳的臉孔將以矩形面積大到小來排序。如果未偵測到任何臉孔的話，將回傳一個空陣列。有些臉孔可能無法偵測到，例如過大角度的側臉或遮蓋面積過大。盡量以正面拍攝會有比較好的辨識效果。相關各屬性（年齡、性別、正臉角度、微笑、髮型與是否佩戴眼鏡）會因為實際拍攝效果（例如光源、背景雜訊、攝影鏡頭品質等）而有不同。

取得 Face 與 Emotion API 金鑰

初步認識這二個 API 之後，在使用前我們要先取得金鑰，請依照以下步驟執行：

STEP1 ·

請登入您的 Microsoft 帳號（我的 @msn.com 還可用呢！）：https://www.microsoft.com/cognitive-services/en-us/face-api

STEP2 ·

點選 API → Face API，找到頁面下方的 Get started for free，如圖 10-3。

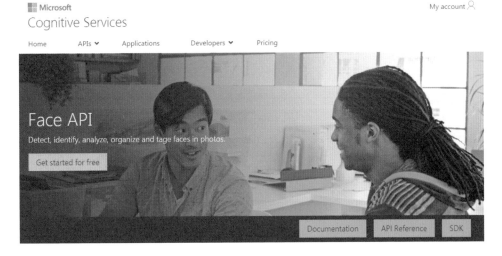

圖 10-3 點選 Get started for free

STPE3 ·

接著會列出可選用的 API 以及使用方案，以本範例的 Face 與 Emotion API 來說，兩者的流量限制都是每個月執行 30,000 次，每分鐘 20 次。請勾選 Face 選項與 Emotion 選項，再點選頁面最下方的「**Subscribe**」即可。

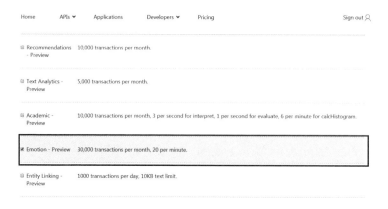

圖 10-4 勾選 Face 與 Emotion 選項

　　最後會進到圖 10-5 的頁面,您可在此看到這個產品所產生的 Key,屆時就是要把這組 Key 輸入在本專案的 cognitive.js 與 index.html 中。您也可點選 Show Quota 看一下已用掉幾次呼叫。

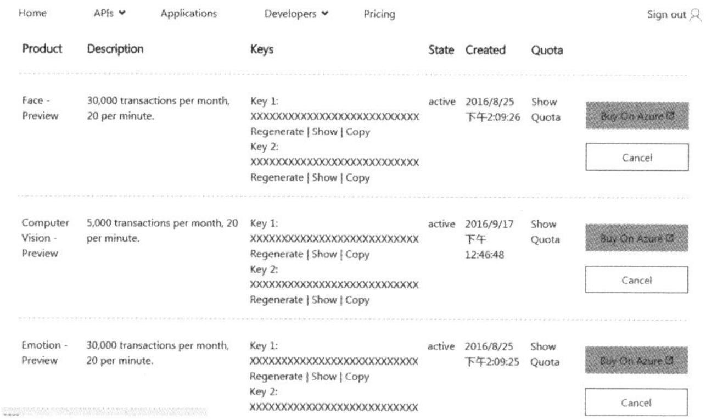

圖 10-5 您目前啟用的服務列表

10-2　7688 Duo 端設定

功能說明

　　本專案可將 7688 Duo 所連接之 USB 攝影機之影像串流到微軟認知服務進行辨識,在此用到了 Face 與 Emotion 兩種 API。系統首先會偵測影像中的一或多張臉孔並以方框標示出臉孔的所在位置，以及該臉孔的相關資訊，包含了機器學習預測用的面部特徵。偵測到臉孔之後，會將這張臉孔發送到 Emotion API 再次處理，影像中每一張偵測到的臉孔都會包含以下資訊：Age、Gender、Pose、Smile 等多種屬性。

您可以先從微軟網站來玩玩看，使用網站上現成的測試圖片或是上傳您喜歡的照片都可以，別擔心，微軟不會將您所上傳的照片作為其他用途。

硬體需求

◎ LinkIt Smart 7688 Duo。
◎ USB 網路攝影機：在此使用 Logitech C170。
◎ USB 傳輸線 A 母對 Micro B 公：用於將網路攝影機接到 7688 Duo。

影像串流

請注意本範例須將 7688 Duo 連上微軟認知服務，因此您的 7688 Duo 一定要先連上外部網路才行喔！接著請按照以下的步驟操作：

STEP1．

請用以下指令確認 7688 Duo 所取得的 IP 位址之後，在 cognitive.js 與 index.html 這兩個檔案修改。

$ifconfig

STEP2．

用 vim 或 nano 等您喜歡的文字編輯器建立以下兩個檔案 cognitive.js 與 index.html，並直接貼入以下所有內容：

STEP3．

修改 cognitive.js 與 index.html 這兩個檔案中的 7688 Duo IP 與 Face API 金鑰（後續程式碼中標示紅字處）。

STEP4．

輸入以下指令來執行程式。

node cognitive.js

STEP5 ·

開啟網路瀏覽器，輸＜ 7688IP ＞:3000 應該就能看到畫面了，如圖 10-6
與圖 10-7。

圖 10-6　7688 Duo 執行的網頁畫面（阿吉老師沒這麼老啦）

圖 10-7　偵測到臉孔的 console 訊息

cognitive.js 程式碼說明

◎ 透過 USB 攝影機定期擷取影像（第 19 列）。

◎ 取得 jpg 圖檔（第 44 列）。

◎ 將 jpg 圖檔發布至 cognitive api（第 53 ～ 62 列）。

◎ 接收來自 cognitive api 的回傳資訊，在此會顯示的是所偵測到臉孔的
　 ID、性別與年齡（第 74 列）。

◎ 透過 socket.io 將資料送到 index.html 之後繪製臉孔的相關資訊（第 30
　 列）。

◎ 程式執行時如果發生錯誤，會透過 47 ～ 49 列的 console.log 語法顯示在
　 7688 Duo 主控台，您可由此判斷是哪個環節出了問題。

cognitive.js

```
01    'use strict';
02
03    var express = require("express");
04    var app = express();
05
06    var server = require('http').createServer(app);
07    var io = require('socket.io')(server);
08
09    var request = require('request');
10    var fs = require('fs');
11    var Fdata=[{faceId:'......', faceAttributes:{gender:'....',age:0}}];
12    var exec = require('child_process').exec;
13    var exec2 = require('child_process').exec;
14    var hasOwnProperty = Object.prototype.hasOwnProperty;
15
16    app.use(express.static('static'));
17
18    //-----child_process-----//
19    exec('mjpg_streamer -i "input_uvc.so -f 20 -d /dev/video0" -o
   "output_http.so" ',
20        function(error, stdout, stderr) {
21      console.log('stdout: ' + stdout);
22        console.log('stderr: ' + stderr);
23        if (error !== null) {
24    console.log('exec error: ' + error);
25        }
26    });
27      console.log('camera on!');
28
29    app.get('/',function(req,res){
30        res.sendFile(__dirname+'/static/index.html');
31    });
32
33    //-----socket on -----//
34    io.on('connection',function (socket) {
35      console.log("Linked");
```

```
36          });
37
38          // 在此指定連線埠號為 3000
39          server.listen(3000,function(){
40              console.log("Working on port 3000");
41              setInterval(function () {
42          // 開啟影像串流，請在此修改 LinkIt Smart IP
43                  console.log("New readFile...");
44                  exec2('wget http://[LinkIt7688IP]:8080/?action=snapshot -O
    output.jpg',
        function(error, stdout, stderr) {
45              console.log('stdout: ' + stdout);
46                console.log('stderr: ' + stderr);
47                if (error !== null) {
48                  console.log('exec error: ' + error);   // 如發生錯誤由此處理
49                }
50              });
51
52          // 讀取 jpg 檔並發送到 cognitive API，請在此填入 Face API 金鑰
53                  fs.readFile("./output.jpg", function(err, data) {
54                  request({
55                      method: 'POST',
56                      url:
57          'https://api.projectoxford.ai/face/v1.0/detect?returnFaceId=true&re
    turnFaceAttributes
58          =age,gender',
59                  headers: {
60                          'Content-Type': 'application/octet-stream',
61                          'Ocp-Apim-Subscription-Key': 'your Face API key'
62                      },
63                    body:data
64              }, function (error, response, body) {
65              if (!error && response.statusCode == 200) {   // 無錯誤且連線成功
66              Fdata =JSON.parse(body);                  // 解析 Face 相關資料
67                      console.dir(Fdata, {depth: null, colors: true});
68                      if (isEmpty(Fdata)) {
69                        console.log("No face detect!");   // 未偵測到任何臉孔
70                        io.emit('message',{'id':'No Face'});
71                      }
```

```
72                        else {
73                            console.log('Face Detect');
74      io.emit('message',{'id':Fdata[0].faceId,'gender':Fdata[0].
     faceAttributes.gender,'age':Fdata[0].faceAttributes.age});
75                            // 由此解析該臉孔的性別與年齡
76                        }
77                    }
78            });
79             //--------emotion API-----------
80             request({
81                 method: 'POST',
82                   url: 'https://api.projectoxford.ai/emotion/v1.0/
     recognize',
83                 headers: {
84                     'Content-Type': 'application/octet-stream',
85                     'Ocp-Apim-Subscription-Key': 'your Emotion API key'
86                 },
87                 body: data
88            }, function (error, response, body) {
89                 if (!error && response.statusCode == 200) {
90             // 無錯誤且連線成功
91                     var object = JSON.parse(body);
92                         // 解析 emotion 相關資料
93             console.dir(object, {depth: null, colors: true});
94                 }
95            });
96            });
97         },3000)
98     });
99
100   function isEmpty(obj) {   // 檢查是否有 null 或未定義物件
101        if (obj == null) return true;
102        // 如果該物件長度 >0 或具有非 0 數值，則該視為一個正確物件
103        if (obj.length > 0)    return false;
104        if (obj.length === 0)  return true;
105
106        // 檢查是否有其他屬性
107        for (var key in obj) {
108            if (hasOwnProperty.call(obj, key)) return false;
```

```
109          }
110          return true;
        }
```

Index.html 程式碼

接著來看看如何將辨識結果呈現在網頁上。第 28 ～ 33 列會透過 socket
取得辨識後的臉孔資訊，包含編號、性別與年齡等。

Index.html

```
01      <!DOCTYPE HTML>
02      <html>
03        <head>
04          <style>
05            body {
06              margin: 0px;
07              padding: 0px;
08            }
09          </style>
10          <meta charset="UTF-8">
11        <title>Video</title>
12        <script src="/socket.io/socket.io.js">  </script>
13        </head>
14      <body>
15        <div style="position: relative; z-index: 1;">
16          // 請在此修改 LinkIt Smart IP
17          <img  src="http://[LinkIt7688IP]:8080/?action=stream"
   style="position:
18      absolute; z-index: 2;" />
19        <canvas id="myCanvas" width="640" height="480" style="position:
20      relative; top: -10px; z-index: 3;"></canvas>
21        </div>
22      <script>
23          var Xdata=0;
24          var socket=io.connect();
25      var canvas = document.getElementById('myCanvas');
26          var context = canvas.getContext('2d');
27
```

```
28          socket.on('message',function (data) {
29              console.log(data.id);
30              face_id=data.id;          // 取得該臉孔的編號
31              face_gender=data.gender;  // 取得該臉孔的性別
32              face_age=data.age;        // 取得該臉孔的年齡
33          })
34        setInterval(function(){
35          context.clearRect(0, 0, canvas.width, canvas.height);
36          // 繪製文字
37          context.font = 'italic 20pt Calibri';   // 設定字體大小與字型
38          context.fillStyle = 'blue';
39          context.fillText("faceID:"+face_id,100, 100);
40          context.fillText("GENDER:"+face_gender,100, 300);
41          context.fillText("AGE:"+face_age,100, 400);
42          // 顯示臉孔 ID、性別與年齡
43
44          // 繪製外框
45          context.beginPath();
46          context.rect(408, 50, 200, 300);   // 繪製矩形
47          context.lineWidth = 7;             // 設定線寬
48          context.strokeStyle = 'red';       // 設定框線顏色
49          context.stroke();*/
50        },1000/15);
51      </script>
52    </body>
53  </html>
```

10-3 總結

　　本書到此結束啦！不論您是因為怎樣的原因踏入物聯網這個領域，希望您都能喜歡本書的內容，當然能真正實做出來就更好了。也期待您加入更多功能之後與我們分享作品，感謝您對 CAVEDU 的支持，下本書再見囉。

補充資料

◎本章範例之 Github：https://github.com/YuanYouYuan/7688-note/

◎ 微軟認知服務 –Face API https://www.microsoft.com/cognitive-services/
en-us/face-api

◎ 微 軟 認 知 服 務 –Emotion API https://www.microsoft.com/cognitive-
services/en-us/emotion-api

10-4 延伸挑戰

1. 請參考微軟認知服務的 Face API 與 Emotion API 頁面，試著在同一個畫面
中呈現更多辨識結果。

2. 請使用 Face API 中的微笑程度（名稱為 smile，數值範圍為 0~1 之間的小
數）來觸發 7688 Duo 的 Wi-Fi 狀態指示 LED。請回顧第四章＜ EX4-1 ＞
來看看如何透過 MCS 來控制 7688 Duo 的腳位狀態。

附錄 A

DuoKit 網路控制程式庫

A-1 DuoKit 環境設定

什麼是 DuoKit？

　　DuoKit 是聯發科技為 LinkIt Smart 7688 Duo 以及其他 Arduino Yún 相容開發板（Arduino + OpenWRT）所建構的開源專案。您僅需透過簡單的設定即可對區域網路內的開發板進行控制以及存取。此外，與一般中央管理式雲端服務不同，DuoKit 運作時並不需要外部網路連線，控制端裝置僅需與開發板位於同一區域網路之中，透過手機或電腦即可進行偵測與存取，不需要額外的帳號申請，更適合隱私需求較高的智慧家庭環境。

DuoKit 的特點有哪些？

　　DuoKit 包含了以下特點：
◎免費且開源。
◎包含 Arduino 程式庫以及對應的 iOS Framework。
◎透過 Zero-configuration Networking 進行裝置位置偵測，免除 IP 位置相關設定。
◎可以於 Arduino 草稿碼中定義用戶端使用者介面呈現方式。
◎透過網路存取 Arduino 內的特定變數。
◎定時自動刷新定義的數值。
◎採用與 Arduino Yún 一致的 REST API 格式，回應資訊使用常見的 JSON 格式。

　　如果您擁有 iOS 裝置（例如：iPhone、iPad），DuoKit Browser 為 DuoKit 所對應的管理工具（見見「使用 DuoKit Browser」）。您也可以透過瀏覽器使用 REST API 進行相關控制，或自行撰寫您慣用平台上的控制工具。

DuoKit 環境設定

　　接下來，您將學會如何建置 DuoKit 所需的運作和開發環境。
　　開發環境設定：安裝 Arduino 程式庫。

Step1.

　　請先於電腦上，透過 GitHub 下載 DuoKit 的最新版本原始碼（https://github.com/x43x61x69/DuoKit/archive/master.zip），並解除壓縮。

Step2.

接下來請於 Arduino IDE 選單中的「草稿碼 → 匯入函式庫 → 加入 .ZIP 函式庫 ...」，選取於上一步驟中解壓縮文件夾內的「lib → Arduino → DuoKit」，完成後即可在 Example 下看到多了 DuoKit 這個資料夾，其中有數個範例程式可以玩玩看。

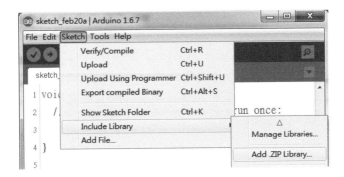

圖 A-1 加入 .ZIP 程式庫

圖 A-2 完成後可看到相關範例程式

Step3 ·

重新啟動 Arduino IDE。

開發板設定

首次使用 DuoKit 時，依據開發板型號您需要先進行相關設定。

使用 LinkIt Smart 7688 Duo 相關設定：

◎請先確認您的 LinkIt Smart 7688 Duo 韌體版本是否為 0.9.4 或更高的版本，以避免網路相關的問題（版本可透過開發板 WebUI 介面查詢）。

◎透過前面章節介紹的方法進行遠端連線至您的裝置並使用下列指令開啟預設為關閉的 Yún Bridge 服務：

```
uci set yunbridge.config.disabled='0'
uci commit
reboot
```

使用其他 Arduino Yún 相容開發板相關設定：

◎請先確認您的 Arduino Yún 韌體版本是否為 1.5.3 或更高的版本，以避免網路相關的問題。

◎透過瀏覽器進入 Arduino Yún 設定介面（http://arduino.local/），將「REST API Access」設定為「Open」並儲存設定。

◎透過前面章節介紹的方法進行遠端連線至您的裝置並使用下列指令新增

對應的服務廣播（開發板此時需擁有外部網路存取能力）：

```
wget --no-check-certificate -O /etc/avahi/services/duokit.service
https://raw.githubusercontent.com/x43x61x69/DuoKit/master/misc/
avahi-service/duokit.service avahi-daemon --reload
```

◎如果發生「wget: can't execute 'openssl': No such file or directory」的錯誤，請先執行下列指令再使用上述的指令（開發板此時需擁有外部網路存取能力）：

```
opkg update
opkg install wget ca-certificates
```

A-2 DuoKit 程式庫開發

DuoKit 函式庫內建數個範例，草稿碼皆可透過 Arduino IDE 選單中的「檔案 → 範例 → DuoKit」中查看，以下為 DuoKit 的基本架構：

```
01      #include <DuoKit.h>     // 引入 DuoKit 程式庫
02    DuoKit duokit;            // 宣告 DuoKit 物件
03      void setup()
04      {
05            duokit.begin(); // 初始化 DuoKit
06      }
07      void loop()
08      {
09            duokit.loop();    // DuoKit 核心功能
10        }
```

您可在既有的專案中加入以上程式碼即可使用大部份 DuoKit 所提供的功能，例如：透過 DuoKit Browser 對開發板進行基本控制。DuoKit 亦包含了多項進階功能：

◎ Pin 設定變更與存取。
◎變數存取。
◎自定義使用者介面設定。

在 DuoKit Browser 中已經將上述對應的控制功能實作，您只需要加入對應的程式碼即可透過 DuoKit Browser 進行控制。

透過 DuoKit 存取變數

您可以透過 DuoKit 中的 DuoObject，以關鍵字（key）的形式來存取您於

Arduino 草稿碼當中自訂的變數，請打開 Arduino IDE 裡的檔案／範例／DuoKit
／Basic。

首先，您必須初始化一個 DuoObject 陣列（範例中長度為 3）：

```
01      DuoObject objects[3];
```

接著設定陣列內的物件：

```
        // 略
49      double count = 0;              // 宣告浮點數變數「count」
50      int    fixed = 1337;           // 宣告整數變數「fixed」
51      String boot = "0 secs ago.";   // 宣告字串物件「boot」
52
53      void setup()
54      {
        // 略
71        objects[0].type      = DuoDoubleType; // 第一個變數的類型為浮點數
72        objects[0].name      = "count";       // 關鍵字取名為「count」
73        objects[0].doublePtr = &count;        // 使用浮點數指位器指向
    「count」變數的記憶體位置
74
75        objects[1].type      = DuoIntType;    // 第二個變數的類型為整數
76        objects[1].name      = "fixed";       // 關鍵字取名為「fixed」
77        objects[1].intPtr    = &fixed;        // 使用整數指位器指向
    「fixed」變數的記憶體位置
78
79        objects[2].type      = DuoStringType; // 第三個變數的類型為字串物
    件
80        objects[2].name      = "boot";        // 關鍵字取名為「boot」
81        objects[2].stringPtr = &boot;         // 使用整數指位器指向「boot」
    變數的記憶體位置
        // 略
87      duokit.setObjetcs(objects, 3);   // 將初始化完成的 DuoObject 陣列指向
    DuoKit 物件
        // 略
140       }
```

在 Basic 程式碼中，您可以發現每個 DuoObject 物件中皆包含三個參數：

◎ type： 變數的類型，可用的選項分別為 DuoIntType（整數）、 DuoDoubleType（浮點數）和 DuoStringType（字串）。

◎ name：變數的關鍵字，作為存取時的識別。可使用標準 ASCII 字元（例如： 半形英文字母、數字），陣列內的關鍵字彼此不可重複，且長度不可為 0。

◎ pointer：變數的指位器。此參數指向變數的記憶體位置作為讀取之用， 必須使用與該被指向的變數型別相同的指位器，且與 type 參數設定的 類型相符。可用的選項分別為 intPtr（整數）、doublePtr（浮點數）和 stringPtr（字串 *）。

接下來請將程式「Basic」上傳至開發板，即可透過 REST API 存取相關變數 （以 LinkIt Smart 7688 Duo 預設名稱為例）：

◎讀取變數「count」：http://mylinkit.local/arduino/read/count

◎ 修改變數「count」 為 123.45：http://mylinkit.local/arduino/update/ count/123.45

或者，您可以透過 DuoKit Browser 視覺化瀏覽範例內的設定值，詳細請見 之後的「透過 DuoKit 定義預設使用者操作介面」內容。

* 註：DuoObject 所使用的字串型別為 String（字串物件）而非 C 語言的 char 陣列。

透過 DuoKit 定義預設使用者操作介面

與變數存取類似，您亦可透過 DuoKit 中的 DuoUI 物件，於 Arduino 草稿 碼當中定義一組預設的使用者操作介面設定細節（請參考範例「Basic」）。在 DuoKit
Browser 內呈現結果如圖 A-3 所示：

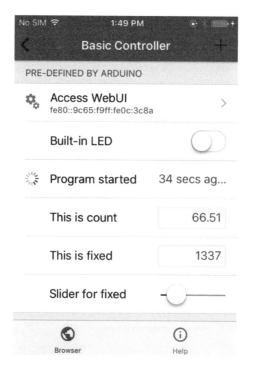

圖 A-3 DuoKit Browser 的使用者操作介面

首先，您必須先初始化一個 DuoUI 陣列（範例中長度為 6）：

```
53      void setup()
54      {
        // 略
60      duokit.layoutProfile = "Basic Controller";  // 裝置名稱（選擇性）

101     layout[0].type     = DuoUIWebUI;       // 第一個物件類型為 WebUI 介面
102     layout[0].name     = "Access WebUI";   // 此項目的說明文字
103

104      layout[1].type     = DuoUISwitch;      // 第二個項目類型為開關
105      layout[1].name     = "Built-in LED";   // 範例為內建的 LED 燈
106      layout[1].pin      = LED_BUILTIN;      // 內建 LED 的腳位，7688 Duo
    為 13
107     layout[1].interval  = 10;        // 自動刷新的時間間隔。不設定或設定為
    0 則停用自動刷新
```

```
                 // 略
112    layout[2].type      = DuoUIValueGetter;  // 第三個項目類型為數值顯示
113    layout[2].name      = "Program started"; // 範例為程式執行時間
114    layout[2].key       = "boot";            // 為前述 DuoObject 陣列中的
       對應關鍵字名稱
115    layout[2].interval  = 5;
116
117    layout[3].type      = DuoUIValueSetter;  // 第三個項目類型為數值設定
118    layout[3].name      = "This is count";        // 範例為變數「count」
119    layout[3].key       = "count";
120    layout[3].interval  = 10;
121
122    layout[4].type      = DuoUIValueSetter;
123    layout[4].name      = "This is fixed";
124    layout[4].key       = "fixed";
125    layout[4].interval  = 10;
126
127    layout[5].type      = DuoUISlider;             // 第五個項目類型為滑
       桿（Slider）
128    layout[5].name      = "Slider for fixed";
129    layout[5].key       = "fixed";
130    layout[5].min       = 0;              // 滑桿的最小值
131    layout[5].max       = 9999;           // 滑桿的最大值
132    layout[5].interval  = 10;
            // 略
139    duokit.setLayout(layout, 6);          // 將初始化完成的 DuoUI 陣列
       指向 DuoKit 物件
140    }
```

與 DuoObject 不同，每個 DuoUI 物件所需的參數因類型而有所區別：

◎ type：必要參數，定義物件的類型，可用的選項分別為 DuoUIWebUI（WebUI 捷徑）、DuoUISwitch（開關）、DuoUIValueSetter（數值讀取）、DuoUIValueGetter（數值設定）和 DuoUISlider（滑桿）。

◎ name：必要參數，定義物件的説明文字，作為識別。可使用 UTF-8 支援的任何字元，類行為字串物件（String）。

◎ pin：欲控制的針腳位置，類型為 DuoUISwitch 時的必要參數；類型為

DuoUISlider 時若無定義 key 參數則必須設定。其他類型此參數無作用。

◎ key：欲控制的變數關鍵字。若有設定對應的 DuoObject，則可設定此參數為對應的關鍵字進行控制。類型為 DuoUIValueSetter 或 DuoUIValueGetter 時為必要參數；類型為 DuoUISlider 時若無定義 pin 參數則必須設定。其他類型此參數無作用。

◎ min 和 max：類型為 DuoUISlider 時的必要參數，分別為滑桿的最小與最大值。其他類型此參數無作用。

◎ interval：刷新時間間隔。若未設定或數值小於等於 0 時停用。類型為 DuoUIWebUI 時無作用。

請上傳程式碼「Basic」至開發板，即可透過 REST API 存取相關設定（以 LinkIt Smart 7688 Duo 預設名稱為例）：

◎讀取介面設定：http://mylinkit.local/arduino/ping

雖然使用者可以於 DuoKit Browser 內自訂控制項目，但部分項目（例如：變數）則必須於草稿碼內預先透過 DuoUI 定義方能透過 DuoKit Browser 存取。

A-3 使用 DuoKit Browser

DuoKit Browser 為 DuoKit 在 iOS 上一款免費且開源的對應控制程式。您只需要具備 iOS 裝置，搭配 DuoKit 即可專注於開發板端的設計，輕鬆透過行動裝置實現智慧家庭；亦可以依自己的需求客製化相關的進階功能，可以免費於 App Store 下載（https://itunes.apple.com/us/app/id1196094443）：

圖 **A-4** DuoKit Browser QR Code

A-4 範例：RGB_LED

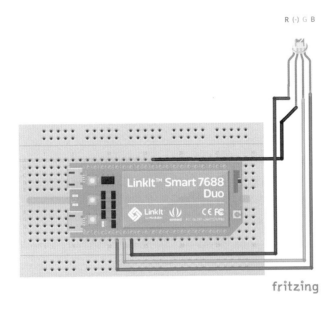

圖 A-5 LED 接線圖

表 A-1 7688 Duo 與 RGB LED 腳位

	7688 Duo	RGB LED
腳位	D9	R
	D10	B
	D11	G
	GND	—

在閱讀完前面章節（A-2 DuoKit 程式庫開發）後，您已具備基本的 DuoKit 程式庫開發能力。現在讓我們來參考一下 DuoKit 程式庫內建的另一個範例—RGB_LED。

* 註：您可在 A-2 DuoKit 程式庫開發 中複習 DuoKit 程式庫開發、DuoKit 架構以及所提供之功能，在此不再複述。

此外，亦可透過 Arduino IDE 選單中的「檔案 → 範例 → DuoKit」中查看 RGB_LED 的草稿碼。

根據 LED 類型做預設

首先，您必須依照您 LED 燈的類型做好預設。

```
37      #define RGBCommonAnode        // 預設您的 RGB_LED 燈為共陽極。若為共陰極則
        註解掉此行
        // 略
41      #define LED_MAX    0xFF        // 設定 LED 最大亮度

        // 略
52      #define RED_PIN    9      // 設定 R 接到 pin 9
53      #define BLUE_PIN   10     // 設定 B 接到 pin 10
54      #define GREEN_PIN  11     // 設定 G 接到 pin 11
```

您可依照您的喜好、習慣、抑或燈體架構來更改上面的設定。

透過 DuoKit 定義預設使用者操作介面

在範例「RGB_LED」中您一樣可以透過 DuoKit 的 DuoUI 物件，於 Arduino 草稿碼中定義一組預設的使用者介面設定細節。在 DuoKit Browser 中的呈現結果如下：

圖 A-6 RGB LED Controller 介面

首先您必須初始化一個 DuoUI 陣列 (範例長度為 5):

```
39      #define LAYOUT_LENGTH    5
        // 略
60       DuoUI layout[LAYOUT_LENGTH];
```

接著必須設定陣列內的物件：

```
62      void setup()
63      {
        // 略
99      uint8_t i = 0;      // 宣告 i 為 0，從 layout[0] 開始一項一項設定
100      layout[i].type      = DuoUIWebUI;          // 第一個物件類型為 WebUI
介面
101       layout[i].name      = "Access WebUI";     // 此項目的說明文字
102
103      layout[++i].type     = DuoUISlider;     //  第 二 個 項 目 類 型 為 滑 桿
（Slider）
104      layout[i].name      = "Red";         // 範例為 LED 的 R
105      layout[i].pin       = RED_PIN;        // R 的腳位，前面預設為 9
106      layout[i].min       = 0;              // 滑桿最小值 ( 控制亮度 ) 為 0
107      layout[i].max       = LED_MAX;        // 滑桿最大值為 LED_MAX
108      layout[i].useColor  = true;
109      layout[i].color     = 0xFF3B30;       // 設定顏色
110      layout[i].interval  = 10;
111
112      layout[++i].type     = DuoUISlider; // 第三個項目類型為滑桿（Slider）
113      layout[i].name      = "Green";       // 範例為 LED 的 G
114      layout[i].pin       = GREEN_PIN;     // G 的腳位，前面預設為 11
115      layout[i].min       = 0;             // 滑桿最小值 ( 控制亮度 ) 為 0
116      layout[i].max       = LED_MAX;        // 滑桿最大值為 LED_MAX
117      layout[i].useColor  = true;
118      layout[i].color     = 0x0BD318;       // 設定顏色
119      layout[i].interval  = 10;
120
121      layout[++i].type     = DuoUISlider; // 第四個項目類型為滑桿（Slider）
122      layout[i].name      = "Blue";        // 範例為 LED 的 B
123      layout[i].pin       = BLUE_PIN;      // B 的腳位，前面預設為 10
```

```
124        layout[i].min      = 0;            // 滑桿最小值 ( 控制亮度 ) 為 0
125        layout[i].max      = LED_MAX;      // 滑桿最大值為 LED_MAX
126        layout[i].useColor = true;
127        layout[i].color    = 0x1D62F0;     // 設定顏色
128        layout[i].interval = 10;
129
130     duokit.setLayout(layout, LAYOUT_LENGTH);     // 將初始化完成的 DuoUI 陣
    列指向 要 DuoKit 物件
131        }
```

您可依照個人喜好或需求更改上述 DuoUI 的值，每個 DuoUI 物件所需的參數可在 (A-2 DuoKit 程式庫開發) 找到詳盡的解釋。

A-5 溫溼度感測器　DHT_Example

首先，您需要先安裝以下兩個 Library：
https://github.com/adafruit/Adafruit_Sensor
https://github.com/adafruit/DHT-sensor-library

由於 DuoKit 的 Library 不具備以上兩個 Library，故需要另外添加。
添加 Library 的方法：

1. 將上述兩個檔案下載下來
2. 解壓縮，將整個資料夾丟入 Documents\Arduino\libraries\DHT
或是 我的文件 \Arduino\libraries\DHT

第一個步驟，先將我們外加的 Library 用此語法加入：

```
38        #include "DHT.h" // 此 Header 是來自於 DHT_Sensor 的函式庫
```

然後再對我們的 Pin 和 Type 做定義：

```
40        #define DHT_PIN   5              // 定義 DHT 的 Data 接腳
          // 略
```

```
46      #define DHT_TYPE DHT22    // DHT22  AM2302, AM2321
```

其中請特別注意 DHT_TYPE 的號碼，不一定每一個溫溼度感測器的型號都是
DHT22，亦有可能是 DHT11、DHT23(AM2301)，視您手上的產品型號而定而做更
改，再使用下列語法對 DHT 做初始化。

```
49      DHT dht(DHT_PIN, DHT_TYPE); // Initialize DHT object.
```

初始化完畢後，大部分的語法都跟前述的 Demo 無太大差異，惟 loop 的段
落在下方另有說明：

```
57      #include <DuoKit.h>
58
59      DuoKit duokit;
60
61      DuoUI layout[LAYOUT_LENGTH];
62      DuoObject objects[OBJECTS_LENGTH];
63
64      double humidity    = 0; // 濕度數據
65      double temperature = 0; // 溫度數據
66
67      void setup()
68      {
       // 略
72          dht.begin(); // 由於我們多了 DHT 的 Library，故請記得要多喊此段
   Func.
73
74          //
75          // Initialize DuoKit.
76          //
77          duokit.begin();
78
79          //
80          // Setup layout profile name.
81          //
82          duokit.layoutProfile = "Humidity & Temperature";
83
```

```
84              uint8_t i = 0;
85              objects[i].type        = DuoDoubleType
86              objects[i].name        = "humidity";
87              objects[i].doublePtr   = &humidity;
88
89              objects[++i].type      = DuoDoubleType;
90              objects[i].name        = "temperature";
91              objects[i].doublePtr   = &temperature;
92
93              duokit.setObjetcs(objects, OBJECTS_LENGTH);
94
95              //
96              // Setup layouts.
97              //
98              i = 0;
99              layout[i].type       = DuoUIValueGetter;
100         layout[i].name       = "Humidity (%)";
101         layout[i].key        = "humidity";
102         layout[i].interval   = 5;
103
104         layout[++i].type     = DuoUIValueGetter;
105         layout[i].name       = "Temperature (° C)";
106         layout[i].key        = "temperature";
107         layout[i].interval   = 5;
108
109         duokit.setLayout(layout, LAYOUT_LENGTH);
110     }
111
112     void loop()
113     {
114         duokit.loop();
115
116         // 讀取 DHT 的測量數值
117         float h = dht.readHumidity();
118         float t = dht.readTemperature();
119
120  // If values were not NaN, update the variables for displaying.
121         if (!isnan(t) && !isnan(h))  {
```

```
122          humidity    = h;
123          temperature = t;
124          }
125       }
```

到此為止，您如果將上述的每一行程式碼都完整輸入的話，那麼您的程式應能如期運行。其中，上述的程式碼，最後的 loop 部分須注意：

```
117       float h = dht.readHumidity();
118       float t = dht.readTemperature();
```

由於 Sensor 的數字是數位乃至數十位的小數據，故變數型別需要用 float/double 來做宣告。而 dht.readHumidity() / dht.readTemperature() 兩個函式的功用是將溫濕度回傳給 h 和 t 兩個變數。

而再下一段的 isnan 是被宣告在 <Math.h> 的函式，語法如下：

```
121          if (!isnan(t) && !isnan(h))  {
112             humidity    = h;
123             temperature = t;
124             }
```

```
int isnan (double __x) // 如果函式內的東西 " 不是數據 " 的話  returns 1
```

因此，上述判斷式中 (!isnan(t) && !isnan(h)) 是在溫度和濕度都同時感測到數據的時候，再回傳數值給溫溼度變數。

附錄 B

參考資料

◎ **What is Cloud Computing?**

https://aws.amazon.com/what-is-cloud-computing/?nc2=h_l2_cc

◎ **AWS IoT Developer Guide**

http://docs.aws.amazon.com/iot/latest/developerguide/what-is-aws-iot.html

◎ **AWS IoT Arduino Yún SDK**

https://github.com/aws/aws-iot-device-sdk-arduino-yun/blob/master/README.md

◎ **MediaTek Labs: AWS IoT Device SDK on LinkIt Smart 7688**

https://docs.labs.mediatek.com/resource/linkit-smart-7688/en/tutorials/cloud-services/aws-iot

◎ **什麼是 WinSCP ?**

https://winscp.net/eng/docs/lang:cht - 特色

◎ **Plant Monitoring System using AWS IoT**

https://create.arduino.cc/projecthub/carmelito/plant-monitoring-system-using-aws-iot-6cb054

◎ **What is JSON ?**

http://developers.squarespace.com/what-is-json/

◎ **W3Schools Online Web Tutorials: JSON Tutorial**

http://www.w3schools.com/json/default.asp

◎ **MQTT.ORG**

http://mqtt.org/

◎ **A Brief, but Practical Introduction to the MQTT Protocol and its Application to IoT**

https://zoetrope.io/tech-blog/brief-practical-introduction-mqtt-protocol-and-its-application-iot

實戰物聯網 LinkIt™ Smart 7688 Duo

發 行 人：邱惠如

作　　者：CAVEDU 教育團隊 曾吉弘、徐豐智、薛皓云、謝宗翰、袁佑緣、蔡雨錡

總 編 輯：曾吉弘

執行編輯：郭皇甫

業務經理：鄭建彥

行銷企劃：吳怡婷

美術設計：Shelley

出　　版：翰尼斯企業有限公司

地　　址：臺北市中正區中華路二段165號1樓

電　　話：（02）2306-2900

傳　　真：（02）2306-2911

網　　站：shop.robotkingdom.com.tw

電子回函：https://goo.gl/TXg9Vq

總 經 銷：時報文化出版企業股份有限公司

電　　話：（02）2306-6842

地　　址：桃園縣龜山鄉萬壽路二段三五一號

印　　刷：巨門彩色製版有限公司

■二〇一七年五月初版

定　　價：480元

I S B N：978-986-93299-2-7

國家圖書館出版品預行編目資料

實戰物聯網 LinkIt Smart 7688 Duo／CAVEDU
教育團隊曾吉弘 等著／-初版.- 臺北市：
翰尼斯企業，2017.5
面；　公分

ISBN　978-986-93299-2-7（平裝）
1.微電腦 2.電腦程式語言 3.機器人
471.516　　　　　　　　　　106007011